鉄道車輌
ディテール・ファイル
愛蔵版 004
マニ50と仲間たち

藤田吾郎　著

50系客車の一員であるマニ50は、それまでの旧型客車をベースとした荷物客車の置換えのため1977年に登場し、実に236輌も製造され旧型の荷物車を一掃した。しかしながら国鉄末期の1986年11月の荷物輸送廃止により10年を待たずに用途を失い、多くは解体の途を辿った。一方でJRに残留した車両は事業用に転用、または改造された車輌も多く、国鉄時代には見られなかったバリエーションが派生することになった。

本書は2015年に刊行された『鉄道車輌ディテール・ファイル018 マニ50と仲間たち』を再編集し、メインのマニ50形とその仲間であるスユニ50形、マニ30形の3形式に、前回は同時期の刊行物の関係で省いたスユ15形 2019〜2039を追加した4形式を模型用資料として外観を中心に解説する。

また、現役最後のマニ50として、現在は東急電鉄に所属する「THE ROYAL EXPRESS」用電源車についても記述を追加している。　（編集部）

▲EF58 111＋マニ44形＋マニ50形×2＋マニ44形…と続く荷物列車。80年代に入ると荷物列車もパレット輸送に対応した青色や銀色の荷物車が多数を占めた。
1981.9.19　岡山　P：大槻明義

▲ED77重連牽引の磐越西線普通列車。スユニ50とスハ32系が混在する編成が興味深い。　1981.4.28　猪苗代～川桁　P:西橋雅之

▲山陰本線を往くDD51＋マニ50＋50系客車の普通列車。　1986.9.21　五十猛　P:西橋雅之

▲EF61 18＋マニ44形×2＋マニ50形＋マニ44形…と続く上り荷物列車。　名古屋　P:大槻明義

▲こちらの荷物列車は、中央本線からの荷物列車で、EF64 1＋スユニ50形＋マニ36形…と続く。　名古屋　P:大槻明義

▲ED75次位にマニ50が3輌連なった東北本線荷物列車。　1981.4.29　磐城西郷～白坂　P:西橋雅之

▲かの有名な余部鉄橋を渡る、12系1000番代＋マニ50の普通列車。　1986.9.25　餘部～鎧　P:西橋雅之

▲EF65 501とEF60 19のプッシュプルにより回送運転されるマニ50 2185。　2014.5.22　P:高梨正成

▲EF58とEF65のプッシュプルで運転された「バーボンエクスプレス」。中間にマニ50の姿が見られる。1987.10.17　東戸塚～保土ヶ谷　P:山口貴巧

▲根府川の白糸川橋梁を渡るEF62 28牽引の荷31レ。　1984.7.10　P：大場雅人

▲マニ50は、当時大きな話題となった「オリエント急行」来日時の控車・荷物車としても活躍した。　1988.11.11　草薙　P：山口貴巧

TOPICS 華麗なる転身を遂げたマニ50 2186

荷物車として登場したマニ50形であるが、JR化以降、ブルートレインへの併結や、海外からの賓客「オリエントエクスプレス'88」の控車など檜舞台での活躍をしたマニ50も存在している。とりわけ華やいだ経歴を持つのがマニ50 2186番だろう。この車両の近年の動きを簡単に紹介する。

同車は1991年にJR東日本水戸支社の手により登場した485系ジョイフルトレイン「リゾートエクスプレスゆう」の非電化区間での運転の際の給電用電源車として、水戸支社管内に救援代用車として残っていた2186番にディーゼル発電機を搭載し改造したものである。「～ゆう」の活躍だけでなく、双頭連結器や電車と機関車間のブレーキの読み替え装置を持つことから工場への入出場時、配給列車の控車としても活躍。ファンの間から「ゆうマニ」と称され注目される存在となった。

「リゾートエクスプレスゆう」が2018年に廃車となった後も長野工場に1年近く留置されていたが、伊豆急行のクルーズトレイン「THE ROYAL EXPRESS」が、

▲側面は「THE ROYAL EXPRESS」ロゴが散りばめられ、窓ガラス、荷物扉ガラスには黒いシートが貼られている。　2020.7.28　串内(信)　P：松沼　猛

北海道胆振東部地震の復興支援の一環として2020年に道内でのクルーズ運行を開始することになり、非電化区間用の電源車として2186番に白羽の矢が立ち、2019年7月3日に長津田に回送、東急電鉄への受け渡しがなされた。「THE ROYAL EXPRESS」用電源車として白基調の塗装へと整備が行なわれ、現在は東急電鉄に車籍を置き、普段は伊豆急行の伊豆高原電車区に常駐。遠隔地での運行の際に「THE ROYAL EXPRESS」本編成とともに回送され活躍する。本車は現在唯一のマニ50の現役車であり、そして初めて私鉄へと譲渡されたマニ50でもある。　（編集部）

▲妻面の雨ドイ縦管をはじめ、サボ受や検査票差し、側面の表示灯など今後必要のない凹凸も廃止されている。　2024.1.21　松山　P：松沼　猛

▲屋上を見る。水戸岡鋭治氏のデザインだけに屋根も車体色と同じだが、雨ドイに厚みがなく、どうやらダミーのようだ。　2024.1.21　追分　P：RailMagazine

▲長津田で東急電鉄へ引き渡しされる「ゆうマニ」塗装時代の2186番。現在も車体に書かれる車番は「マニ50 2186」だが東急での形式はマニMN50形となる。
2019.7.3　P：RailMagazine

▲同じく長津田での「ゆうマニ」塗装時代の2186番。乗務員扉の手スリの形状がJR時代は弓なりだが、東急での改造で真っ直ぐなものに交換されている。
2019.7.3　P：RailMagazine

マニ50の概要とバリエーション

本文・写真（特記以外）
：藤田吾郎

■マニ50の概要

マニ50形は在来型の荷物車の置き換えを目的として、1977～1982（昭和52～57）年に新製された。それまではマニ36形に代表されるように旧型客車改造の荷物車が大半を占めていたが、荷物車も新製される時代がやって来たのであった。当時は国鉄にローカル運用改善の方針が出てきたことも背景にあり、50系旅客客車（以下50系）が大量新製されたことにも通じている。2001～2072と2101～2264の合計236輌が全国津々浦々で使用された。

車体は50系と同じく妻面に後退角がついた構造であり、車体長19,500mm、車体幅2,800mmに揃えられている。台車も50系と共通のTR230、途中からTR230Cに変わっている。非冷房であるが乗務員室の冷房化（AU13AN）が想定されていたため、屋根高さは30mm低い3,620mmとなっている。

マニ50 2021～（1977年度本予算車）は後位側開き戸の勝手が変更となり、ヒンジが車掌室側になった。言い換えると取手が車掌室側から妻面側に変わっている。

マニ50 2101～（1978年度本予算車）は100番代とされ、ブレーキシリンダーが車体装架に変更されたため、台車形式もTR230Cとなった。また、出入り台握り棒が一直線状から上下に折れがあるタイプになり、補助踏み段の構造も変更されて、枠数の多いタイプとなった。

マニ50 2131～（1978年度第2次債務）は車掌室扉の窓がHゴム支持から下降窓に変更されている。また、2211～2215は酷寒地仕様であるが外からは見分けがつかない。

1987（昭和62）年の国鉄分割民営化を前に173輌が廃車となった。この前後から救援車代用車などの改造車が出はじめ、さまざまなバリエーションが見られた。これを以下に見ていきたい。

▲荷物を満載して運用に就く写真のマニ50 2048は新製されてまだ2年目である。まさか数年後に失職、そしてマニ24 501に改造されて〈北斗星〉のメンバーになる運命が待っているとは誰も思わなかった。
1979.12.8　郡山　P：藤井　曄

◀マニ50形のTR230台車。ブレーキシリンダーが台車に装架されているはずであるが、この角度からは確認できない。
1989.1.16　大宮操車場跡

▶マニ50 2165のTR230C台車。
1990.5.2　富山

▲マニ50 2226の俯瞰写真。通風器5台と排塵送風機2台がある。　1988.12.27　東静岡

▲1985年暮れに郵便車代用として使用されたマニ50 2017の貴重な記録写真。同じ用途にもう1輌マニ50 2016があった。　1985.12.23　門司　P：菊池孝和

▲走行中のマニ50 2204（上）ならびに2230。写真は夏場に撮影されたもので、荷物室扉の窓（下降式）が2輌とも開いている。
1981.8　辻堂～藤沢　P：西橋雅之

■MOTOトレイン用改造

上野～函館間にオートバイ輸送を伴う列車が1986（昭和61）年7月から運行され、これに使用される車輌として改造された。上野～青森間は急行〈八甲田〉に併結、青森～函館間は青函連絡船の航送輸送であったが、1988（昭和63）年に津軽海峡線が開通すると快速〈海峡〉への併結に変わった。車体番号はマニ50形2154～2159の6輌が全室改造車（20台搭載）、2120、2124、2128の3輌は車掌室や便所を残した半室改造車（10台搭載）となった。一部は「バーボンエクスプレス」や「オランダエクスプレス」にも転用された。1998（平成10）年まで運行された。

▲「MOTOトレイン」用のマニ50 2157。
1986.8.23　函館運転所　P：藤井　曄

▲「MOTOトレイン」用マニ50形×2を併結した快速〈海峡〉。　P：大槻明義

▲MOTOトレイン用マニ50 2154の室内。オートバイを締結できるように改造されている。　1993.8.1　函館

▲マニ50 2124は救援車代用車マニ50 2056の代用として八戸で使用されたことがある。　1994.10.6　八戸

■モトトレール用改造

「MOTOトレイン」にならい、1988（昭和63）年夏から大阪～函館間でもオートバイ輸送列車が開始されることとなり、マニ50形改造車2輌が登場した。寝台特急〈日本海〉に併結するため110km/h対応改造もされている。名称は当初「日本海モトトレイン」であったが、1990（平成2）年夏は「モトトレール」、1991（平成3）年夏以降は「モトとレール」となった。また、1989（平成元）年12月から翌3月まで寝台特急〈瀬戸〉〈あさかぜ〉の荷物車としても使用されたが、これはオハネフ25形300番代改造落成までの暫定運用であった。

▲「日本海モトトレイン」標記のマニ50 5002。　京都　P：大槻明義

▲「日本海モトトレール」標記のマニ50 5001へのオートバイ積み込み風景。列車名の変更は、「MOTOトレイン」＝「元取れん」と聞こえるため、験を担ぐ意味から「元取れる」＝「モトトレール」へと変更された、関西らしい理由があったという。
1990.7.27　京都　P：大槻明義

▲模型でもぜひ再現したくなる、ホームでのバイク積み込み風景。　1990.7.27　大阪　P：大槻明義

■マザーグーストレイン用改造

1987(昭和62)年4月から小海線に「マザーグーストレイン」と称する観光列車が運行された。これはJR東日本とクリエイティブヨーコ社との共同企画であり、車内でショッピングやイベントが行なわれた。使用されたのはマニ50 2028、2243とスハフ12 103の3輌であり、マニ50形には商品陳列棚などが設置された。団体列車として首都圏にも姿を現したことがあったが1990(平成2)年に使用停止となった。

▲大糸線をED62 15に牽引されて走る「マザーグーストレイン」。　1988.8.14　一日市場～梓橋　P：鈴木雄司

■マザーグーストレイン

▲「マザーグーストレイン」マニ50 2028の1-3位側。写真では車体色がブルー系に見えるが、元々は深緑を基調とした色合いの塗り分けであった。
1991.4.10　長野工場

▲マニ50 2028の2-4位側。イラストが両側面対称となっていることがわかる。　1989.4.9　茅野

▲「マザーグーストレイン」もう1輛のマニ50 2243の1-3位側。　1991.4.10　長野工場

▲マニ50 2243の2-4位側。こちら側には幌座がない。　1989.4.9　茅野

▲DD16に牽引され小海線を走行中の「マザーグーストレイン」。　1987.5.1　甲斐小泉～小淵沢　P：山口貴巧

■バーボンエクスプレス用改造

1987(昭和62) 年10月15日〜31日にバーボンウイスキー普及のために品川〜大船間に運行された列車である。サントリー主催、アメリカ大使館等の後援で実施された。外観は国際的イラストレーターの長岡秀星氏によるデザインで、星条旗とアメリカ西部大平原をイメージしている。マニ50形は「MOTOトレイン」用から転用された2154、2155、2158、2159の4輌があり、オートバイ緊締装置など諸設備を撤去の上、バーカウンターなどが設置された。

▲マニ50 2155。　1988.4.17　東大宮操車場

▲ウイスキーメーカーのタイアップのもと品川〜大船間を往復した「バーボンエクスプレス」。車内ではバーボンとおつまみが振る舞われた。
1987.10.17　横浜〜東神奈川　P：山口貴巧

■「バーボンエクスプレス」編成図

	1	2	3	4	5	6	7	8	9	10	
EF58 61 ←下り	スハフ12 163 愛称 「バラエティー」	マニ50 2159 愛称 「The Bar」	マニ50 2158 愛称 「Loft」	マニ50 2155 愛称 「Dance-teria」	スハフ12 162 愛称 「チャーター」	オハ12 370 愛称 「ダント」	オハ12 369 愛称 「A-A」	マニ50 2154 愛称 「Studio」	オハ12 368 愛称 「アーリー」	スハフ12 161 愛称 「ハーバー」	EF65 1000 上り→

▲10輌フル編成は昼間に1往復運行。夜間は4号車までを品川駅に留置して営業、5号車以降が1往復に使用された。

▲バーボンエクスプレスのEF58 61と1〜4号車。
1987.10.24　品川　P:鈴木雄司

■オリエント急行用改造

マニ50形にとって1987(昭和62) 年はイベント続きであったが、翌年にはさらに華やかな機会が訪れた。1988(昭和63) 年10月24日～12月25日にオリエント急行が日本国内を走ることになり、この荷物車としてマニ50 2236が充てられた。荷物車としての役目のほか、連結器の違うオリエント急行と連結するための控車の役割もあった。

▲EF81 71に牽かれる「オリエント急行」。 1988.12　P：大槻明義

◀EF65 1136に牽引され京都駅に進入する「オリエント急行」。
1988.10.29　京都
P：大槻明義

◀EF65に牽引される「オランダエクスプレス」。
1987.10.31　共和～大府　P：鈴木雄司

■オランダエクスプレス用改造

1987(昭和62) 年10月19日～30日までオランダ製商品の振興キャンペーンとして運行された見本市列車である。JR東日本とオランダ経済省などとの共同企画として実施された。

電源車スハフ12 149のほかはマニ50形10輌である。このうちマニ50 2130、2183、2219、2236、2237の5輌は尾久で保留状態であった。マニ50 2120、2124、2128、2156、2157の5輌は「MOTOトレイン」の転用であった。車内ではパネル、医療機器、カーペット、ビデオ機器、農業機器、民芸品、農産物などが展示された。10月19日に品川駅ホームにて見本市を開催。以降、名古屋、大阪、広島、福岡、長崎と巡回した。

▲「オリエント急行」用マニ50 2236。荷物が満載されている。　1988.10.28　京都　P：大槻明義

▶マニ50 2236の片連結面にはバッファー式緩衝器とねじ式連結器が設けられた。高さの違う幌が面白い。
1988.10.28　京都
P：大槻明義

■「リゾートエクスプレスゆう」用電源車改造

ジョイフルトレインである「リゾートエクスプレスゆう」が非電化区間を走行するための控車として1991（平成3）年に登場した。水戸の救援車代用車マニ50 2186が充てられ、電源装置の搭載や双頭式連結器への交換などが行なわれているが、救援車としての機能も残されている。なによりも塗装が揃えられているのが最大の特徴であろう。本来の目的のほか、工場入出場の控車としても頻繁に使用されていた。2019（令和元）年に東急電鉄に譲渡、「THE ROYAL EXPRESS」用電源車に改造されている。

▲マニ50 2186は水戸の救援車代用車から1991年に「リゾートエクスプレスゆう」併結用に改造、電源装置も積載して一番目立つ存在に転じた。
1992.4.29　常陸大子

■マニ24形への改造

寝台特急〈北斗星〉の電源車不足を補うため、1989（平成元）年に改造された。電源装置の搭載、片側の非貫通化や荷物扉の改造など、車体が大幅に変わっている。JR東日本のマニ24 501（元マニ50 2048）、JR北海道のマニ24 502（元マニ50 2070、廃車復活）の2輌が改造により製作された。

▲〈北斗星〉運用により札幌まで来たマニ24 501。　1997.8.24　札幌運転所　P：藤井　曄

▶マニ24 502の妻面を見る。空洞の飾り屋根が設けられている。
1990.9.3　札幌運転所

■救援車代用車への改造

1987（昭和62）年に国鉄分割民営化を控え、旧型客車改造の救援車が廃止になるのに伴い、1986年にマニ50形改造の救援車代用車が大量に登場した。多くは標記の変更が中心であるが、床下の水タンク撤去、側面の改造が行なわれた例も見られる。地味な内容ではあるが、なにしろ数が多く、履歴もやや複雑である。一番ユニークなのは「マエ50」と標記された例であり、マニ50 2050（新庄）、2229（新宮）、2192（大分）の3件がある。理由を尋ねたところ、「当車は救援車だからマエが正しいと現場で判断した。だから書き換えるのが当然なのだ」と教えられたのが面白かった。

▲函館運転所常備のマニ50 2215は「救援車代用」の標記がある。　1990.9.5　函館運転所

▲青森運転所配置のマニ50 2057は「救援車」の標記がある。「代用」が消されているようだ。　1990.9.14　青森信号所

▲マニ50 2057の車内には機材が並ぶ。　1990.9.14　青森信号所

◀マニ50 2057の車内一角は仕切られてストーブ室となっていた。1990.9.14　青森信号所

▲八戸運輸区常備のマニ50 2056は「八戸運輸区救援車」の標記。なかなか味のある書体である。　1991.8.9　八戸

▲一ノ関運輸区常備のマニ50 2060は「一ノ関運輸区」と「救援車」の標示がある。　1990.9.15　一ノ関

▲南秋田運転所常備のマニ50 2183は、元々配置されていたマニ50 2048がマニ24 501に改造されるのに伴い尾久から配置変更された。
1989.11.13　南秋田運転所

▲酒田運輸区常備のマニ50 2238は「酒田運輸区救援車」の標記である。「荷物」標記も残っている。　1989.11.12　酒田

▲新庄運転区常備のマニ50 2050には「新庄運転区救援車」と標記されていた。この時は番号部分の確認を忘れていた。　1989.11.12　新庄

▶上写真の撮影2年後に再びマニ50 2050をよく見ると、「マエ50」標記であった。　1991.8.6　新庄

▲山形運転所常備のマニ50 2049は「山形運転所救援車」と標記されていた。　1991.4.2　山形

▲仙台電車区常備のマニ50 2051は特段の標記がなくシンプルであった。 1991.4.2　仙台電車区

▲水戸運転所常備のマニ50 2186は荷物車時代そのままのスタイルであった。ところが1991年に「リゾートエクスプレスゆう」併結用に改造されて一新された。 1989.8.13　水戸

▲長岡運転所常備のマニ50 2239は「長岡運転所事故救援車」と標記されていた。本車は前位側貫通戸には換気扇が設置されていた（右写真）。 1990.8.26　長岡運転所

▲上沼垂運転所常備のマニ50 2240は荷物車時代のスタイルのままであった。　1989.11.9　上沼垂運転所

◀高崎機関区常備のマニ50 2185。幌ワクが取り外されていた。
1990.12.18　高崎機関区

▲八王子常備のマニ50 2066は配置区は汐留であった。「救援車代用」と標記されていた。JR東日本に引き継がれず廃車となった。
1985.10.10　八王子

▲長野のマニ50 2241には、極めて小さい字で「北長野運転所　救援車」と標記されていた。　1991.4.10　長野

▲松本運転所常備のマニ50 2029は幌ワクが取り外されている。2024年現在でも現存する貴重な一輌だが、常に撮影しづらい場所に置かれている。「救援車代用」標記のほか、隣接する駐車場への指定車以外の駐車禁止を促す標示がある。
2004.5.22　松本運転所

▲尾久配置のマニ50 2130は大宮工場入出場用の控車代用として活躍していた。
1991.5.18　尾久

▲もう1輌のマニ50 2191も同様に大宮工場入出場用の控車代用であった。
1993.6.5　尾久

▲大宮工場常備のマニ50 2219は尾久に配置されていた。
1990.5.20　大宮工場（大成）

▲静岡運転所配置のマニ50 2226は東静岡にいた。　1990.1.20　東静岡

▲名古屋運転所配置のマニ50 2253は名古屋駅方の側線に置かれていた。　1989.12.28　名古屋運転所

▲名古屋運転所配置はもう1輌あり、マニ50 2245は運転所構内に常備されていた。「荷物」標記は消されていた。　1990.1.6　名古屋運転所

▲富山運転所常備のマニ50 2165には「救援車」と標示されていた。　1989.9.8　富山

▶マニ50 2165の車内には棚が設置され、復旧機材が整然と並べられていた。
1990.5.2　富山

▲金沢運転所常備のマニ50 2264はマニ50形の新製ラストナンバー車でもあった。　1989.9.9　金沢運転所

▲敦賀運転所常備のマニ50 2167には、車体中央付近に描かれた耳付きサボ風の枠に「救援車」と標示されていた。　1990.5.3　敦賀

▲亀山運転所常備のマニ50 2181には「亀山地区救援車」と標記されていた。　1985.5.5　亀山　P：野村一夫

▲新宮運転区常備のマニ50 2229は「新宮運転区救援車」標記、そして車番はマエ50標記でもあった。　1987.5.10　竜華　P：野村一夫

▲梅小路運転区常備のマニ50 2232には「梅小路運転区救援車」と標記されていた。以前は亀山運転所に常備され、マニ50 2181と同様に「亀山地区救援車」と標記されていた。 1990.12.23 梅小路

▲宮原客車区常備のマニ50 2116には「宮原客車区救援車」そして極めて小さく「代用」と標記されていた。 1989.2.26 宮原客車区 P：藤井 曄

▲和歌山列車区常備のマニ50 2110は塗装中で標記が確認できなかった。ハンググライダー輸送にも使用されたことがある。
1990.4.3 和歌山列車区新在家派出所

▲姫路運転所常備のマニ50 2117は幌がない他には変化がない。　1988.8.30　姫路

▲福知山運転所のマニ50 2254は幌ワクが取り外されていた。　1991.9.2　福知山

▲岡山運転所常備のマニ50 2112は荷物車時代のスタイルであった。　1990.8.3　岡山運転所

▲西鳥取運転区常備のマニ50 2035には「救援車」と標記されていた。　1991.3.21　西鳥取運転区

▲米子運転所常備のマニ50 2037も「救援車」と標記されていた。　1991.3.20　米子

▲小郡運転区常備のマニ50 2228は「小郡運転区救援車」と標記されていた。　1991.3.25　小郡運転区

▲広島運転所常備のマニ50 2257は荷物車時代と変わらない見た目。JRで最後まで車籍を有していたマニ50だったが、2023年11月に廃車、解体された。
1991.3.26　広島運転所

◀下関運転所常備のマニ50 2258には「下関運転所救援車代用」と標記されていた。
1989.12.29　下関運転所

▲高松運転所常備のマニ50 2225には小ぶりのJRマークが標記されていた。　1992.8.3　高松運転所

▲松山気動車区常備のマニ50 2220は「松山気動車区救援車」と標記されていた。　1988.8.31　松山

▲高知運転所常備のマニ50 2218にはJRマークと「高知運転所救援車代用」標記があった。　1989.9.10　高知

▲高知運転所常備のマニ50 2218を再度訪問すると、今度は小さなJRマークと「高知運転所救援車」標記になっていた。　1992.8.4　高知

▲門司港運転区のマニ50 2005は荷物車時代と変わらない。　1991.3.23　門司港

▲竹下気動車区常備のマニ50 2194には赤くて大きなJRマークと大きな「救援車」標記、その右下に「竹下気動車区」とあった。　1990.4.2　竹下

▲大分運転所常備のマニ50 2192は「大分運転所救援車」と標記されていた。そして車番もマエ50と標記された3輌のうちの1輌でもあった。　1990.3.30　大分

▲熊本運転所常備のマニ50 2006は荷物車時代と変わらない。　1991.9.10　熊本

▲長崎運転所常備のマニ50 2193は「荷物」標記もないシンプルな外観であった。　1990.4.1　長崎

▲鹿児島駅常備のマニ50 2195には幌がない他に変化がない。撮影時には運転所まで来ていた。　1990.3.31　鹿児島運転所

■保存車・廃車体

保存車は兵庫県三田市の、はじかみ池公園にあるマニ50 2036が唯一である。D51 25に連結されている。一時期は緑色になっていたが、近年地元の塗装業組合「兵庫昭和会」の手によって青色に戻されている。

マニ50 2253は旧・佐久間レールパークに保存されていたが後に解体された。ほかに廃車体としてマニ50 2032と2164が静岡県浜松市西区入野町の食品会社工場脇で倉庫として使用されている。またマニ50 2166の車体が松任市藤木町で倉庫として使用されていたが処分済みの模様である。

マニ50 2027も米子駅前のトレーンビアホールとして1988年頃に使用されたことがある。

スユニ50の概要とバリエーション

■スユニ50形の概要

マニ50形と同時期の1978～1981（昭和53～56）年に登場した。旧型客車の改造名義であり、台車と連結器が流用されている。旧番号もあり、履歴をたどると戦前まで行き着く場合もある。

内地向けの2001～2063と北海道向けの501～517の合計80輌が登場した。台車はTR47AまたはTR47Bである。車軸発電機取り付けの改造がされている。このうち北海道用は歯車式である。車内は荷物室と取扱便（郵便物の行先区分を行なう）のための区分棚が設けられている。

1979年度以降落成の2017～と507～は郵袋室の窓がHゴム固定支持から上昇可能に変更されている。また、車掌室扉の窓がHゴム支持から下降窓に変更された点は、マニ50 2131～と同じである。このほか排塵送風機が2台から3台になった。

1987（昭和62）年の国鉄分割民営化により大部分が廃車となった。

▲トップナンバーのスユニ50 2001。　1985.6.7　阿久根　P：菊池孝和

▲北海道向け500番代もあった。写真はスユニ50 510。
1986.8.23　函館運転所　P：藤井　曄

◀保存車であるスユニ50 505のTR47台車。
2011.8.24　三笠

▲米子所属のスユニ50 2007。2001～2016では郵袋室側窓はHゴム支持であった（北海道向けの501～506も同様）が、2017以降の番号では下降窓に設計変更された。
1986.9　P：西橋雅之

▲スユニ50 2007。
1986.9　P：西橋雅之

▲郡山のスユニ50 2023。
1982.4.25　郡山　P：西橋雅之

■限界測定車への改造

1987(昭和62)年の高松付近電化(高松～観音寺間、多度津～琴平間)に際して、スユニ50 2046にパンタグラフを設けて限界測定車として使用された。

▲屋上にパンタグラフが載せられたスユニ50 2046。限界測定車としての用途終了後すぐに廃車となっている。写真は廃車後の姿。1987.9.5 高松 P:野村一夫

■救援車代用車への改造

スユニ50のうち、JRに引き継がれて残ったのはJR北海道の4輌とJR東日本の3輌、合計7輌であった。

▲「岩見沢運転所事故救援車」と標記されたスユニ50 502は郵便室扉が閉鎖されてストーブ室となっていた。 1990.8.31 岩見沢運転所

▲苫小牧のスユニ50 504は巨大なJRマークに黄色のストライプが入ったユニークな存在であった。 1990.9.10 苫小牧

◀スユニ50 504の屋根を見る。千鳥配置の通風器7台と排塵送風機2台がある。ただし手前の方の排塵送風機は改造されている。救援車代用車としてストーブが設置されて、その煙突が突き出ているのだと思われる。
1990.9.10　苫小牧

▲釧路運転所常備のスユニ50 514には特段の標記がない。　1992.9.8　釧路運転所

▲スユニ50 511は扇形庫に入っていて遂に全体を見られなかった。　1990.9.3　旭川運転所

▶スユニ50 2018ほかの救援車編成がたたずむ構内風景。　2001.8.4　盛岡客車区

▲盛岡客車区常備のスユニ50 2018は前位側の貫通戸の窓が塞がれている。標記は「救援車代用」である。　1989.9.5　盛岡

▲福島のスユニ50 2036は「荷物」以外には特段標記もなければ郵便マークもなく、さっぱりした印象である。　1990.9.15　福島運転所

▲会津若松常備のスユニ50 2037は「荷物」標記すらない。　1992.11.2　会津若松運転所

■保存車・廃車体

スユニ50 501が小樽市総合博物館、スユニ50 505が三笠鉄道記念館、スユニ50 509・510がメモリアルシップ八甲田丸の船内、スユニ50 517が佐呂間町の交通公園に保存されている。また、スユニ50 2058が高松市の高畠小児科・アレルギー科医院にて利用されている。旭川市郊外のドライブイン古潭荘ではスユニ50 512が売店として使用されていたが現存しない。

▲小樽市総合博物館に保存のスユニ50 501。 2011.8.23

◀その車内では郵便仕分けの風景が再現されている。 2011.8.23

▲積み込まれた郵袋も再現されている。 2011.8.23

▲三笠鉄道記念館に保存のスユニ50 505。　2011.8.24

▲メモリアルシップ八甲田丸のスユニ50 510。　2009.2　P：RMM

▲旭川市郊外のドライブイン古潭荘ではスユニ50 512が廃車後も残っていたが、現在は車輌も建物も残っていない。　1990.9.4

1981.4.28　翁島〜磐梯町
P:西橋雅之

マニ30の概要

▲マニ30 2008の2-4位側面。中央が日本銀行職員の控えとなる警備室。　1991.9.10　下関貨物駅

日本銀行所有の私有車マニ30形(2007～2012) もマニ50形の仲間である。先代のマニ30形(2001～2006) の後継として1978～79(昭和53～54) 年にかけて6輌が新製された。日本銀行券(紙幣) を輸送するのが目的であるが、その性質上、趣味誌や業界誌で扱われることはほとんどなく、謎に包まれた存在であった。

ほかの50系客車と類似点も多いが、車体長が21.3mとやや長い。鋼体は耐食アルミ合金が使用されている。車内には2室の荷物室に挟まれた警備室があり、プルマン式の2段寝台3組、リクライニングシート2脚、便所、炊事スペースがある。クーラーもAU13AN形が2台あり、長時間の警備にも使用できるようになっている。車掌室もあるが、これらとは完全に仕切られていて通り抜けができない。そして前位側の妻面には扉や窓がなく、荷物室と警備室は閉じられた空間となっている。電源装置として4PK-9A形ディーゼル機関(35PS/1800min^{-1})とPSG8D形発電機(三相440V、20kVA 60Hz) のセットが床下に設置されている。台車はTR230の軸ばねと枕ばねを変更したTR230Bである。このほか、列車無線アンテナ、電話用アンテナ、汚物処理装置が後から取り付けられている。

1987(昭和62) 年の国鉄分割民営化では6輌ともJR貨物に引き継がれた。2003年度に輸送そのものが廃止となると全車廃車となり、ようやく存在がオープンにできるようになった。2004(平成16) 年にはマニ30 2012が小樽市総合博物館に保存され、気軽に見られるようになった。

▶マニ30 2010。　1989.9.15　東京貨物ターミナル

▲大宮工場に入場するマニ30 2010の1-3位側面。前位の屋上にはアンテナが付く。　1989.5.25

▲マニ30 2008の1-3位側側面連続写真。

▲マニ30 2008の2-4位側側面連続写真。

▲マニ30 2011(下段4枚)。

1989.5.5　東京貨物ターミナル

1991.9.10　下関貨物駅

1982.2.26　福島　P:西橋雅之

▲マニ30 2007の後位側妻面。　1990.12.23　梅田貨物駅

▲小樽市総合博物館保存マニ30 2012の前位側妻面。　2011.8.24

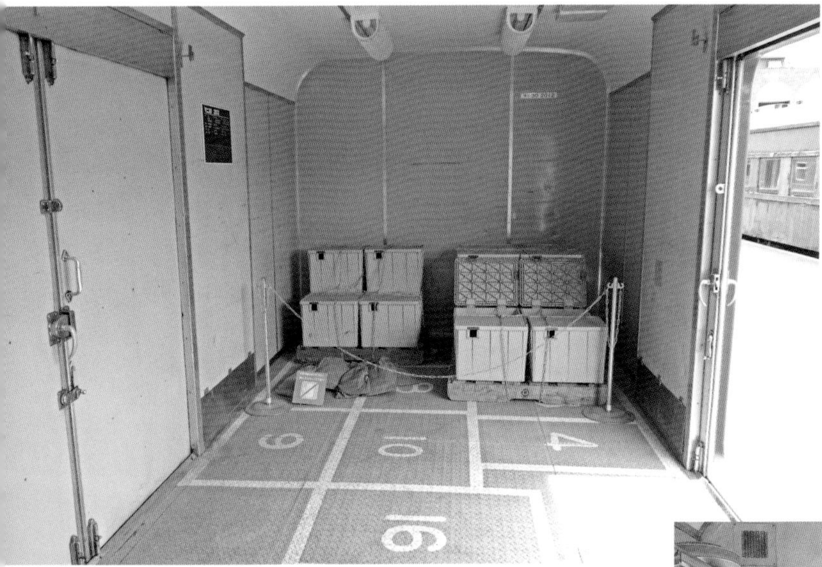

◀保存車マニ30 2012の後位側荷物室。奥の仕切り(壁)の向こうに車掌室が設けられているが、ご覧の通り荷物室内からのアクセスはできない。側扉に複数の内鍵が取り付けられているのも見て取れる。　2013.5.27　P:RMM

▲車体中央の警備室と荷物室は行き来が可能な作りとなっている。　2013.5.27　P:RMM

▲マニ30 2012の台車TR230B。　2011.8.24

▲マニ30　2012の警備室。奥には寝台設備もある。
2013.5.27　P:RMM

スユ15の概要

護送便用の郵便車で1973（昭和48）年〜1982（昭和57）年までの間に計39輌が製作された。製造時期によって 3種の車体構造を持つが、いずれも郵政省所有車である。そのうちマニ50と設計を同じにする1981（昭和56）年に製造された3次型といえるグループ（2019番〜2039番）についてここでは解説をする。

このグループでは50系客車の設計が取り入れられ、妻面にはその特徴が表れており100mmの後退角が設けられたほか、屋根とのつながりもやや丸い処理がなされている。

車内は2次車のグループ以降、車輌中央の郵便職員のスペースが拡大され、郵袋室はやや狭くなった。また、3次車のグループでは屋上通風器のうち2個が換気扇付きに変更されていている。鉄道郵便・荷物輸送の廃止が1986（昭和61）年であるから、3次車のなかでも1982（昭和57）年に製造された2028〜2039は登場から僅か4年の短命で廃車となっている。

余談ではあるが、鉄道郵便車には３種の種別があり、郵便職員が車内で郵便物を区分けし、集配駅で郵袋や小包の積み下ろしを行なう取扱便（オユ10・11など）、郵便職員は添乗するが区分け作業を行なわず集配駅で郵袋、小包を積み下ろしするだけの護送便（オユ12〜15など）、郵便職員が添乗せず郵袋、小包を運ぶだけの締切便（スユ44など）のそれぞれの用途に分けられていた。

（編集部）

▲スユ15 2021の2-4位側を示す。一見マニ50とよく似た側面であるが、両端扉の下部にケコミが付き、車体中央部にトイレを持ち、台車はTR217で空気バネ台車である。
1983年 名古屋 P：藤井 曄

▲スユ15 2031の1-3位側を示す。車端寄りのHゴム固定窓は磨りガラスに郵便マークが入る。
1986年 馬橋 P：星 晃

▲スユ15　2039の2-4位側を示す。1-2位の乗務員扉はマニ50と同じくHゴム固定窓の扉となり、窓ガラスの内側には保護棒も付く。そのため、この扉の内側はそのまま郵袋室となっている。　1986年　大阪　P：菊地孝和

▲スユ15　2039の1-3位側を示す。手前の乗務員扉は車掌室のもので扉窓も下降式開閉窓を持ち、鉄道職員の乗務スペースとなる。屋上のドーム状の機器が換気扇付通風器。　P：藤井　曄

マニ50 形式図

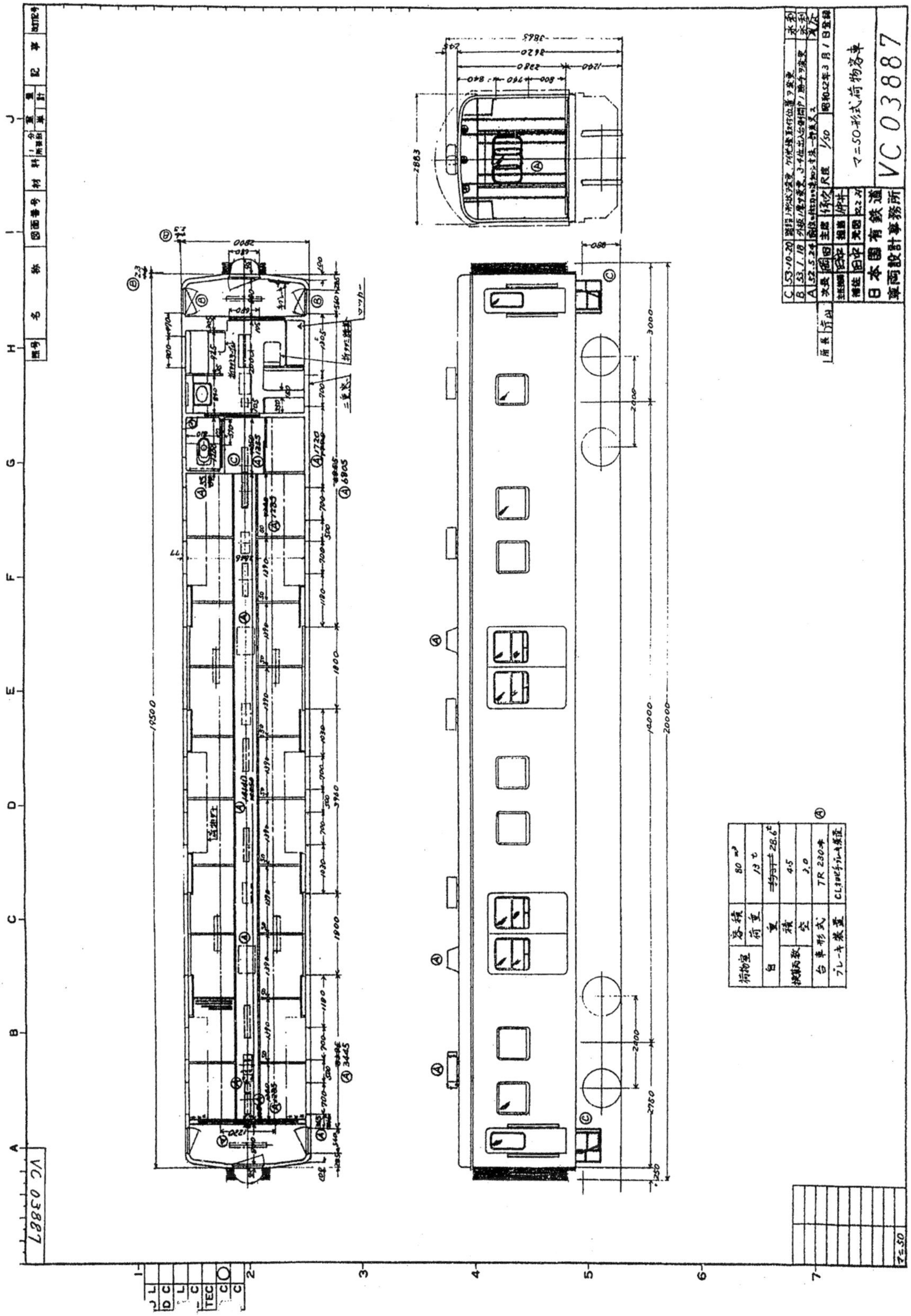

▲マニ50形式図。設計変更Aは前位側に排塵送風機の追加と、仕切を追加したことによる寸法修正設計変更であるが、登場前の適用であり全車が該当する。設計変更B(マニ50 2021〜)は、外板の厚さ変更と後位側開き戸の勝手変更(ヒンジが車掌室側になった)である。設計変更C(マニ50 2101〜)は、補助踏み段の形状変更と蛍光灯取り付け位置の変更である。

マニ50 絵図

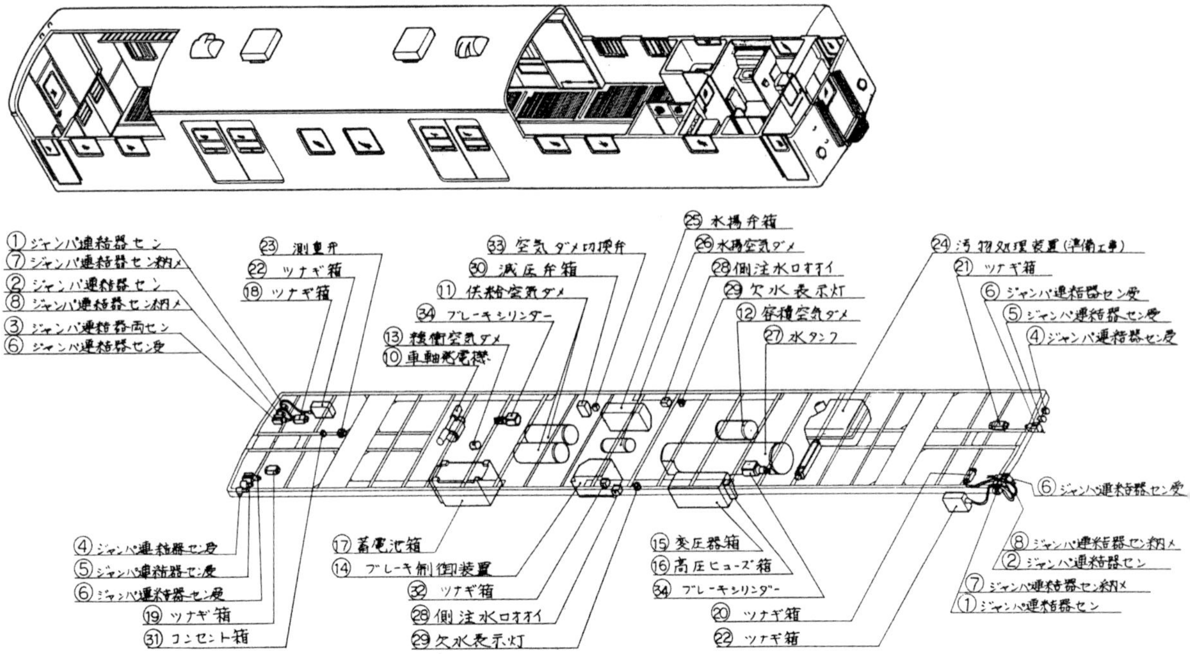

マニ50 床下機器標記

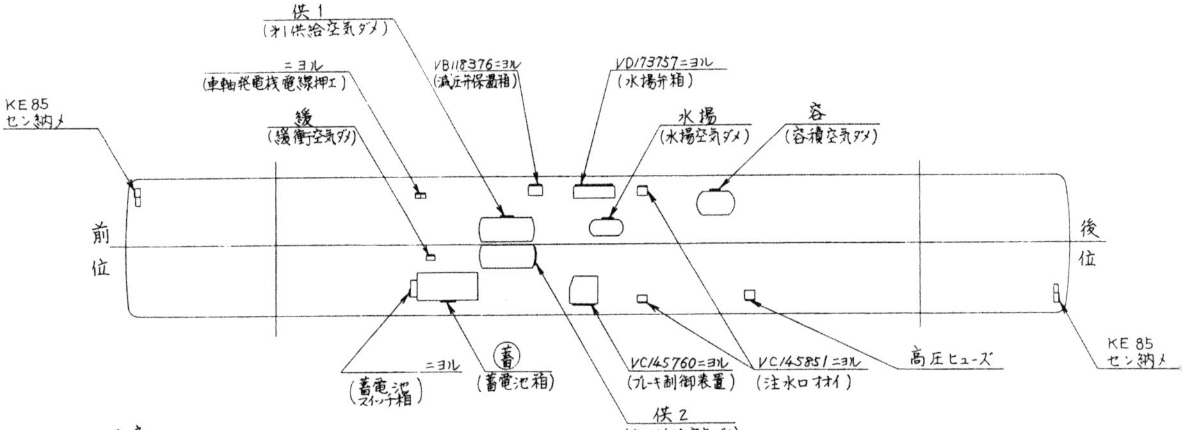

注意

1. 本図ハ床下機器名称記入配置ヲ示ス.
2. 標記位置ハ VC141118U ニヨル.
3. 標記文字ハ VC138967U, VC145901 ニヨル..
4. セン納メ標記ハVD173729ニヨル.
5. 高圧ヒューズ箱標記ハVD175252 ニヨル.
6. 車軸発電機電線押エ標記ハ VD175858 ニヨル.
7. 蓄電池スイッチ箱フタ開閉標記ハ ニヨル.

8. 本図ニ示ス標記ノ他ハ 下記ニヨル.
   締切コック開閉装置標記 (VD175073--銘板)
   蓄電池箱フタ開閉標記 (VB62270---蓄電池箱)

スユニ50 形式図

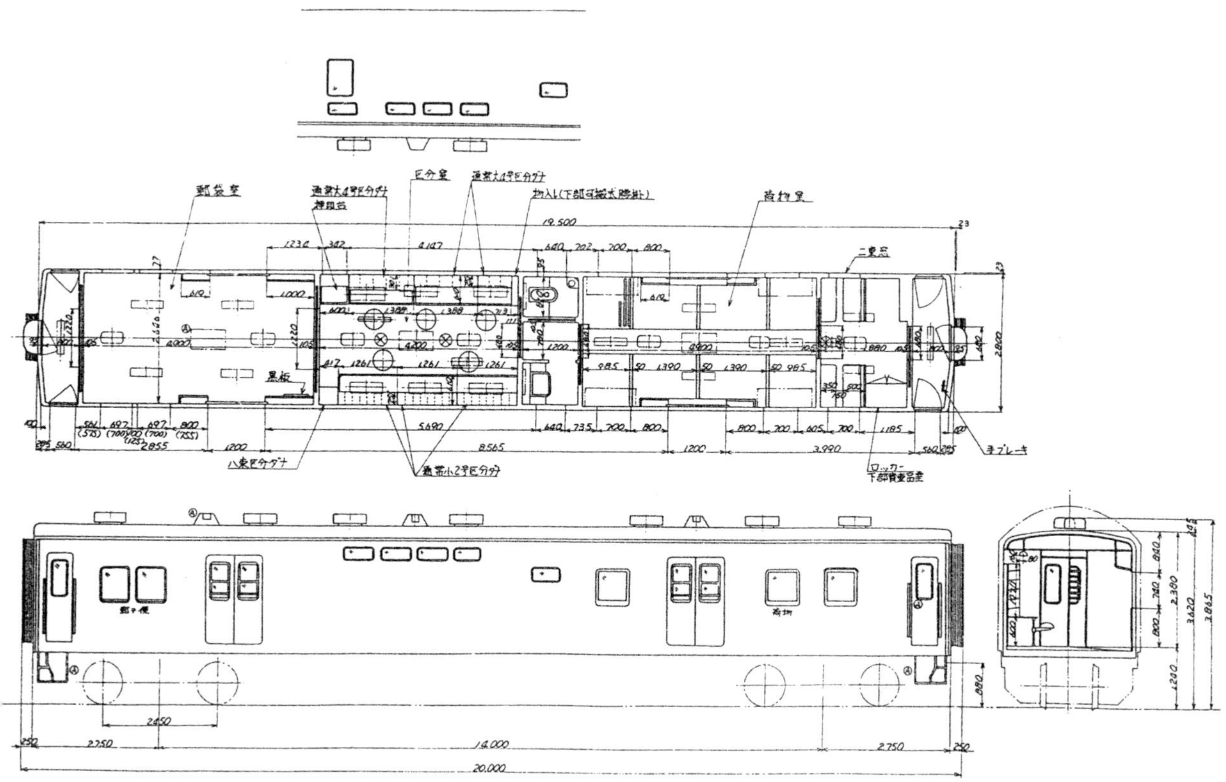

マニ30（2007〜）形式図

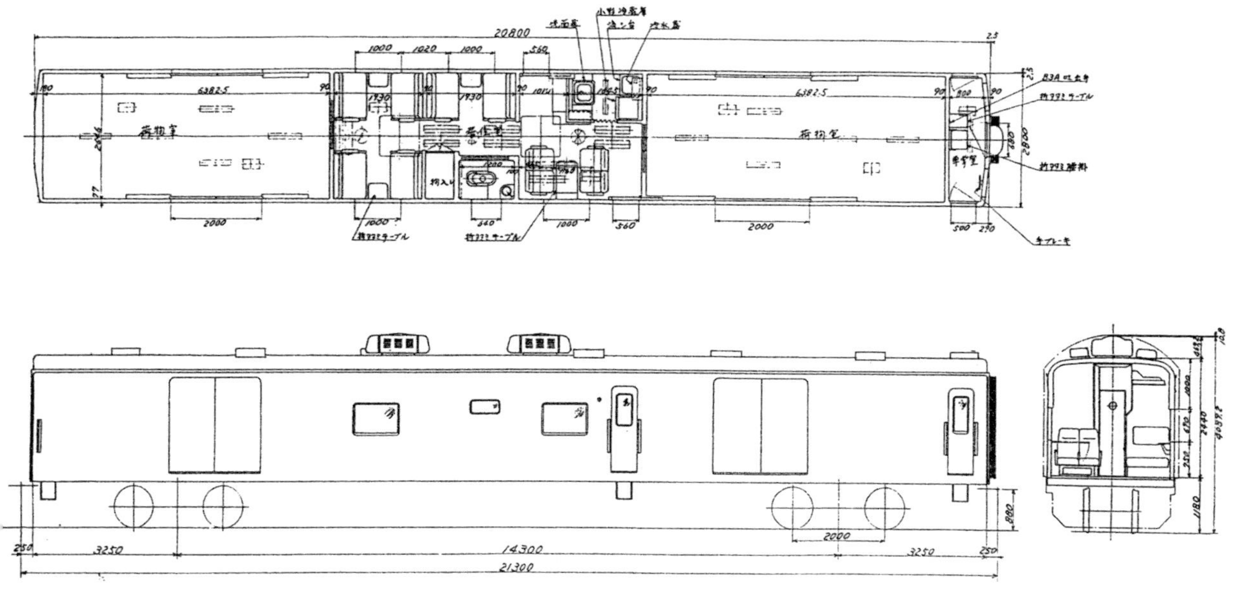

マニ30 車端部機器配置図

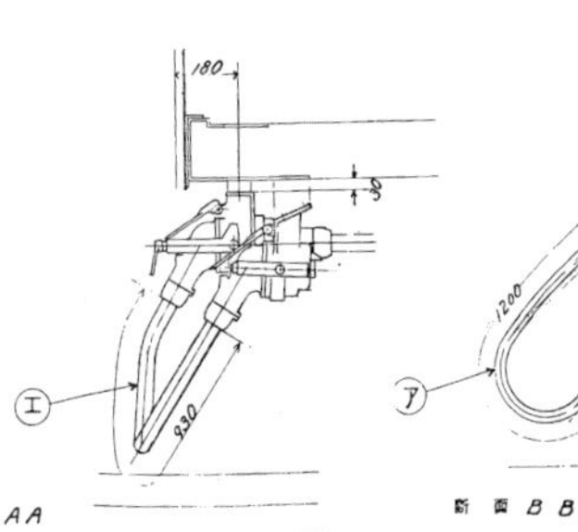

断面 AA　断面 BB

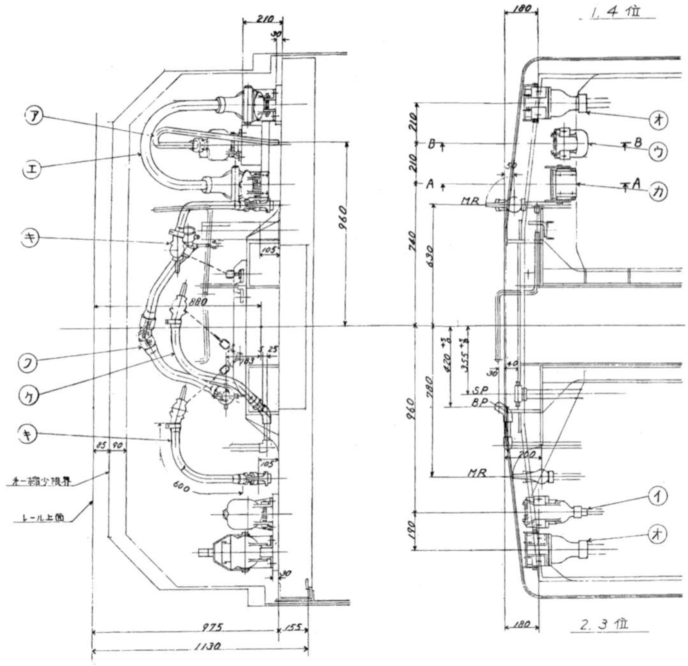

照号	名称	1両分所要数	記事
㋐	ジャンパ連結器片セン	2	KE3
㋑	〃 セン受	2	KE3H
㋒	〃 セン納メ	2	KE3H
㋓	〃 両セン	1	KE85
㋔	〃 セン受	4	KE85H
㋕	〃 セン納メ	2	KE85H
㋖	空気ホース連結器組立	4	ホース長サ600
㋗	高圧用暖房ホース組立	1	
㋘	空気ホース連結器組立	2	ホース長サ630

マニ30 床下機器配置図

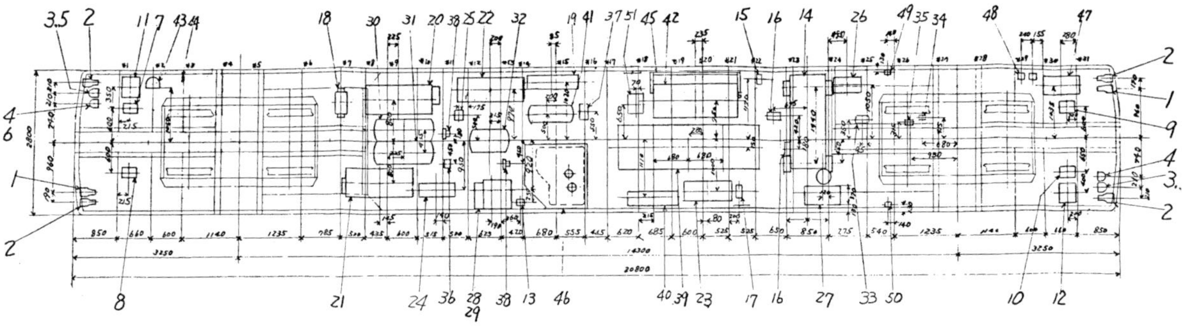

照号	名称	1組分所要数	記事
1	ジャンパ連結器セン受	2	KE3H-17
2	〃 〃	4	KE85H-4
3	〃 セン納メ	2	KE3H
4	〃 〃	2	KE12H-4
5	〃 片セン	2	KE3
6	〃 両セン	1	KE85 ℓ=930
7	高圧ツナギ箱	1	
8	〃	1	
9	〃	1	
10	〃	1	
11	低圧ツナギ箱	1	50点 TB1
12	〃	1	〃 TB2
13	〃	1	4点
14	ディーゼル発電装置	1	4PK-9A/PAG8D
15	機関試験スイッチ	1	
16	ツナギ箱	2	6点
17	中性点接地スイッチ	1	
18	車軸発電機	1	KS-4N
19	〃 制御箱	1	
20	蓄電池箱	1	
21	〃	1	
22	変圧器箱	1	
23	〃	1	寝台昇降,電灯

照号	名称	1組分所要数	記事
24	2.5KVA整流装置	1	
25	高圧ヒューズ箱	1	
26	サイリスタインバータ	1	
27	機関予熱器箱	1	WH101A
28	ブレーキ制御装置	1	
29	〃 保温箱	1	
30	才1供給空気ダメ	1	φ440×1200-165ℓ
31	才2 〃	1	〃
32	容積空気ダメ	1	φ440×780-100ℓ
33	緩衝空気ダメ	1	φ140×220-2.5ℓ
34	調圧弁	1	
35	コンセント箱	1	
36	空気ダメ切換弁	1	
37	MR減圧弁保温箱	1	
38	膜板付逆止弁	2	
39	オオイ付 700ℓ水タンク	1	
40	弁箱	1	
41	水揚空気ダメ	1	φ320×700-50ℓ
42	600ℓ燃料タンク	1	
43	消火器納入箱	1	
44	揺止メ受	1	
45	燃料タンク防護板	1	
46	汚物タンク	1	準ビ工事

照号	名称	1組分所要数	記事
47	消火装置 薬タンク納入箱	1	
48	〃 起動装置	1組	
49	火災表示灯箱	1	
50	〃	1	
51	サイレン収納箱	1	

スユ15(2019〜) 形式図

RM LIBRARY158 国鉄鋼製郵便客車(下)29頁より

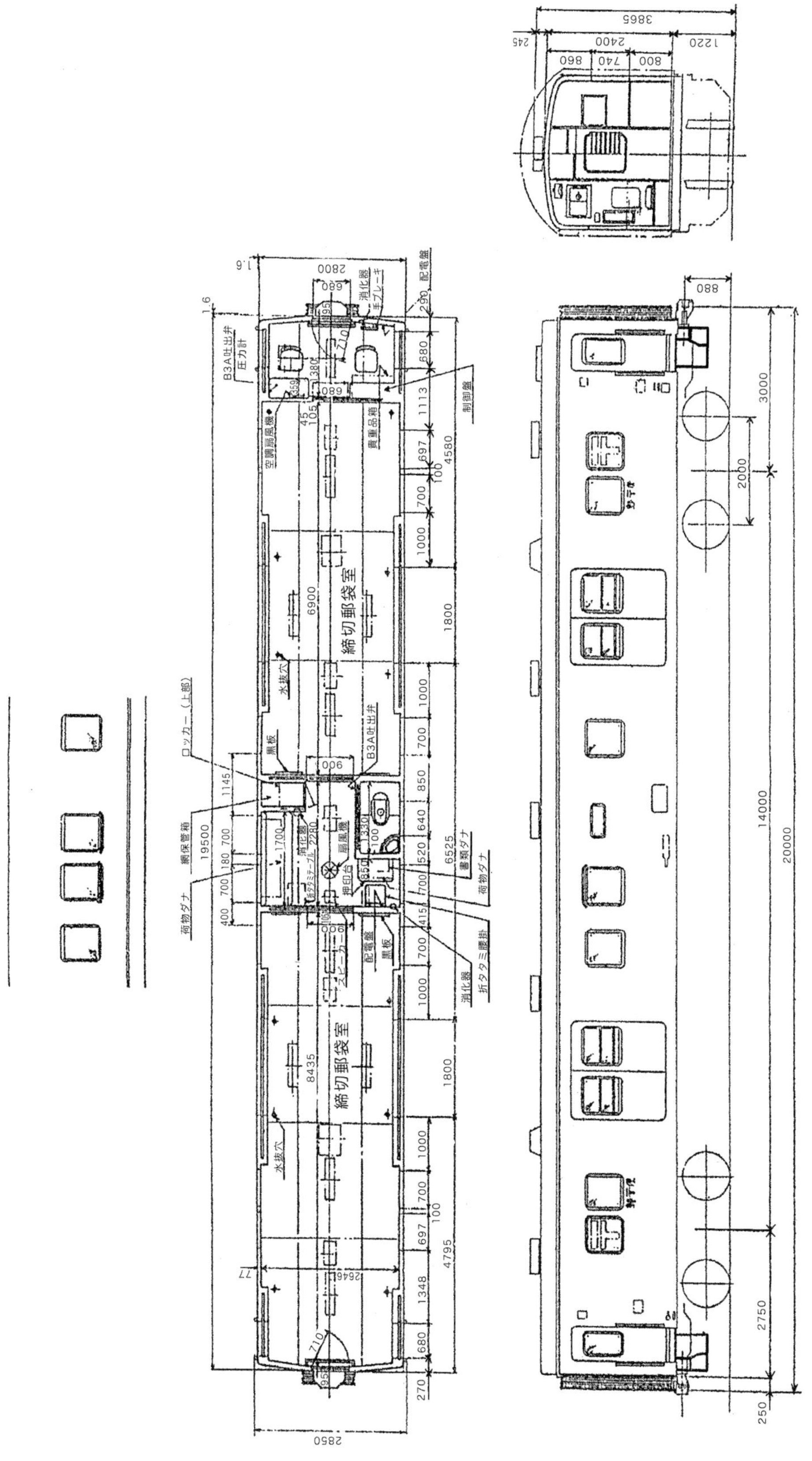

車歴表

作成：藤田吾郎
※2015年以降の廃車・改造については編集部にて追記

マニ50

車体番号	製造年月日	場区	落成配置	JR	改造歴など	最終配置	改造・廃車年月日
マニ50 2001	1977.11.14	新潟	宮原	ー	ー	米子	1987.3.31
マニ50 2002	1977.11.14	新潟	宮原	ー	ー	米子	1987.3.31
マニ50 2003	1977.11.14	新潟	宮原	ー	ー	米子	1987.3.31
マニ50 2004	1977.11.14	新潟	宮原	ー	ー	米子	1987.3.31
マニ50 2005	1977.11.14	新潟	宮原	九	救援車代用(門司港 1986.11)	門司港	1993.3.24
マニ50 2006	1977.11.14	新潟	宮原	九	救援車代用(熊本 1986.11)	熊本	1993.3.24
マニ50 2007	1977.11.14	新潟	宮原	ー	ー	門司	1987.1.14
マニ50 2008	1977.11.14	新潟	宮原	ー	ー	門司	1987.1.14
マニ50 2009	1977.11.14	新潟	宮原	ー	ー	向日町	1987.1.14
マニ50 2010	1977.11.14	新潟	宮原	ー	ー	向日町	1987.1.14
マニ50 2011	1977.11.21	富士	汐留	ー	ー	鹿児島	1987.1.20
マニ50 2012	1977.11.21	富士	汐留	ー	ー	岡山	1987.3.31
マニ50 2013	1977.11.21	富士	汐留	ー	ー	岡山	1987.3.31
マニ50 2014	1977.11.21	富士	汐留	ー	ー	岡山	1987.3.31
マニ50 2015	1977.11.21	富士	汐留	ー	ー	竜華	1987.3.31
マニ50 2016	1977.11.21	富士	汐留	ー	ー	米子	1987.3.31
マニ50 2017	1977.11.21	富士	汐留	ー	ー	米子	1987.3.31
マニ50 2018	1977.11.21	富士	汐留	ー	ー	浜田	1986.8.15
マニ50 2019	1977.11.21	富士	汐留	ー	ー	浜田	1986.8.15
マニ50 2020	1977.11.21	富士	汐留	ー	ー	米子	1987.3.31
マニ50 2021	1978.3.25	新潟	鹿児島	ー	ー	鹿児島	1987.1.20
マニ50 2022	1978.3.25	新潟	鹿児島	ー	ー	鹿児島	1987.1.20
マニ50 2023	1978.3.25	新潟	鹿児島	ー	ー	鹿児島	1987.1.20
マニ50 2024	1978.3.25	新潟	鹿児島	ー	ー	米子	1987.3.31
マニ50 2025	1978.3.25	新潟	鹿児島	ー	ー	米子	1987.3.31
マニ50 2026	1978.3.25	新潟	鹿児島	ー	ー	米子	1987.3.31
マニ50 2027	1978.3.25	新潟	鹿児島	ー	ー	米子	1987.3.31
備考：米子駅トレーンビアホールで利用(処分済)							
マニ50 2028	1978.3.20	富士	名古屋	東	マザーグーストレイン(1987.3)	長野	1994.8.1
マニ50 2029	1978.3.20	富士	名古屋	東	救援車代用(松本 1986.11)	松本	2010.11.7
マニ50 2030	1978.3.20	富士	名古屋	ー	ー	名古屋	1987.2.9
マニ50 2031	1978.3.20	富士	名古屋	ー	ー	名古屋	1987.2.9
マニ50 2032	1978.3.20	富士	名古屋	ー	ー	名古屋	1987.2.9
備考：静岡県浜松市西区入野町で利用							
マニ50 2033	1978.3.20	富士	名古屋	ー	ー	名古屋	1987.2.9
マニ50 2034	1978.3.25	新潟	宮原	ー	ー	米子	1987.3.31
マニ50 2035	1978.3.25	新潟	宮原	西	救援車代用(鳥取区 1986.11)	鳥取鉄	1999.9.16
マニ50 2036	1978.3.29	新潟	宮原	ー	ー	向日町	1987.3.31
備考：兵庫県三田市はじかみ池公園で保存							
マニ50 2037	1978.3.29	新潟	宮原	西	救援車代用(米子 1986頃)	後藤総	1999.9.16
マニ50 2038	1978.3.29	新潟	宮原	ー	ー	向日町	1987.3.31
マニ50 2039	1978.3.29	新潟	宮原	ー	ー	向日町	1987.3.31
マニ50 2040	1978.3.29	新潟	宮原	ー	ー	向日町	1987.3.31
マニ50 2041	1978.3.29	新潟	宮原	ー	ー	向日町	1987.3.31
マニ50 2042	1978.3.29	新潟	宮原	ー	ー	門司	1987.1.14
マニ50 2043	1978.3.29	新潟	宮原	ー	ー	門司	1987.1.14
マニ50 2044	1978.3.29	新潟	宮原	ー	ー	門司	1987.1.14
マニ50 2045	1978.3.29	新潟	宮原	ー	ー	門司	1987.1.14
マニ50 2046	1978.3.29	新潟	宮原	ー	ー	門司	1987.1.14
マニ50 2047	1978.3.29	新潟	宮原	ー	ー	門司	1987.1.14
マニ50 2048	1978.4.17	新潟	隅田川	東	救代(南秋田 1986頃)、形式変更→マニ24 501(1989)	南秋田	1989.7.10
マニ50 2049	1978.4.17	新潟	隅田川	東	救援車代用(山形 1986.11→郡山 1990)	仙台	2006.1.30
マニ50 2050	1978.4.17	新潟	隅田川	東	救援車代用(新庄 1986.11)	郡山	2019.10.25
マニ50 2051	1978.4.17	新潟	隅田川	東	救援車代用(仙台 1986.11)	仙台	2019.5.17
マニ50 2052	1978.4.17	新潟	隅田川	ー	ー	米子	1987.3.31
マニ50 2053	1978.4.17	新潟	隅田川	ー	ー	米子	1987.3.31
マニ50 2054	1978.4.17	新潟	直江津	ー	ー	門司	1987.1.14

車体番号	製造年月日	場区	落成配置	JR	改造歴など	最終配置	改造・廃車年月日
マニ50 2055	1978.4.17	新潟	直江津	－	－	鹿児島	1987.1.20
マニ50 2056	1978.4.17	新潟	盛岡	東	救援車代用（八戸 1986.1?）	青森	2002.7.23
マニ50 2057	1978.4.17	新潟	盛岡	東	救援車代用（青森信号所 1986.11）	青森	2004.8.10
マニ50 2058	1978.4.17	新潟	宮原	－	－	門司	1987.1.14
マニ50 2059	1978.4.17	新潟	宮原	－	－	鹿児島	1987.1.20
マニ50 2060	1978.3.28	富士	隅田川	東	救援車代用（一ノ関 1986.11）	盛岡	2003.12.2
マニ50 2061	1978.3.28	富士	隅田川	－	－	秋田	1987.1.20
マニ50 2062	1978.3.28	富士	隅田川	－	－	秋田	1987.1.20
マニ50 2063	1978.3.28	富士	隅田川	－	－	大井	1987.3.31
マニ50 2064	1978.3.28	富士	隅田川	－	－	大井	1987.3.31
マニ50 2065	1978.3.28	富士	隅田川	－	－	大井	1987.3.31
マニ50 2066	1978.4.14	富士	隅田川	－	救援車代用（八王子 1986.3）	八王子	1987.3.31
マニ50 2067	1978.4.14	富士	隅田川	－	－	大井	1987.3.31
マニ50 2068	1978.4.14	富士	隅田川	－	－	大井	1987.3.31
マニ50 2069	1978.4.14	富士	隅田川	－	－	大井	1987.3.31
マニ50 2070	1978.4.14	富士	隅田川	－	廃車→復籍・形式変更マニ24 502(1989.7.10)	大井	1989.7.10
マニ50 2071	1978.4.14	富士	隅田川	－	－	大井	1987.3.31
マニ50 2072	1978.4.14	富士	隅田川	－	－	大井	1987.3.31
マニ50 2101	1979.3.7	新潟	隅田川	－	－	大井	1987.3.31
マニ50 2102	1979.3.7	新潟	隅田川	－	－	大井	1987.3.31
マニ50 2103	1979.3.7	新潟	隅田川	－	－	大井	1987.3.31
マニ50 2104	1979.3.7	新潟	隅田川	－	－	大井	1987.3.31
マニ50 2105	1979.3.7	新潟	隅田川	－	－	大井	1987.3.31
マニ50 2106	1979.3.7	新潟	隅田川	－	－	大井	1987.3.31
マニ50 2107	1979.3.7	新潟	隅田川	－	－	大井	1987.3.31
マニ50 2108	1979.3.7	新潟	直江津	－	－	竜華	1987.3.31
マニ50 2109	1979.3.7	新潟	直江津	－	－	竜華	1987.3.31
マニ50 2110	1979.3.15	新潟	宮原	西	救援車代用（和歌山 1988.3）	和歌山	1998.10.11
マニ50 2111	1979.3.15	新潟	宮原	－	－	竜華	1987.3.31
マニ50 2112	1979.3.15	新潟	宮原	西	救援車代用（岡山 1986.11）	岡山	2009.5.18
マニ50 2113	1979.3.15	新潟	宮原	－	－	竜華	1987.3.31
マニ50 2114	1979.3.15	新潟	宮原	－	－	竜華	1987.3.31
マニ50 2115	1979.3.15	新潟	宮原	西	救援車代用（梅小路 1986.11）	向日町	1992.12.31
マニ50 2116	1979.3.15	新潟	宮原	西	救援車代用(宮原)	宮原	1992.12.31
マニ50 2117	1979.3.15	新潟	宮原	西	救援車代用（姫路 1986.11）	宮原	1999.3.29
マニ50 2118	1979.3.6	富士	隅田川	－	－	汐留	1987.3.31
マニ50 2119	1979.3.6	富士	隅田川	－	－	汐留	1987.3.31
マニ50 2120	1979.3.6	富士	隅田川	東	MOTOトレイン半室（1986.3）、オランダExp.（1987）、MOTOトレイン全室（青森 1992.3）	青森	2000.11.3
マニ50 2121	1979.3.6	富士	隅田川	－	－	隅田川	1987.3.31
マニ50 2122	1979.3.6	富士	隅田川	－	－	隅田川	1987.3.31
マニ50 2123	1979.3.6	富士	隅田川	－	－	尾久	1987.3.31
マニ50 2124	1979.3.6	富士	隅田川	東	MOTOトレイン半室（1986）、オランダExp.（1987）、MOTOトレイン全室（青森 1992.3）	青森	2000.11.3
マニ50 2125	1979.3.6	富士	隅田川	－	－	尾久	1987.3.31
マニ50 2126	1979.3.6	富士	隅田川	－	－	尾久	1987.3.31
マニ50 2127	1979.3.6	富士	隅田川	－	－	尾久	1987.3.31
マニ50 2128	1979.3.6	富士	隅田川	東	MOTOトレイン半室（1986）、オランダExp.（1987）、MOTOトレイン全室（青森 1992.3）	青森	2000.11.3
マニ50 2129	1979.3.6	富士	隅田川	－	－	隅田川	1987.3.31
マニ50 2130	1979.3.6	富士	隅田川	東	オランダエクスプレス（1987）	尾久	2008.6.28
マニ50 2131	1979.11.29	新潟	直江津	－	－	竜華	1987.3.31
マニ50 2132	1979.11.29	新潟	直江津	－	－	竜華	1987.3.31
マニ50 2133	1979.11.29	新潟	直江津	－	－	竜華	1987.3.31
マニ50 2134	1979.11.29	新潟	直江津	－	－	竜華	1987.3.31
マニ50 2135	1979.11.29	新潟	直江津	－	－	竜華	1987.3.31
マニ50 2136	1979.11.29	新潟	直江津	－	－	竜華	1987.3.31
マニ50 2137	1979.11.16	新潟	隅田川	－	－	隅田川	1987.3.31
マニ50 2138	1979.11.16	新潟	隅田川	－	－	隅田川	1987.3.31
マニ50 2139	1979.11.16	新潟	隅田川	－	－	隅田川	1987.3.31
マニ50 2140	1979.11.16	新潟	隅田川	－	－	隅田川	1987.3.31
マニ50 2141	1979.11.16	新潟	隅田川	－	－	隅田川	1987.3.31
マニ50 2142	1979.11.16	新潟	隅田川	－	－	隅田川	1987.3.31
マニ50 2143	1979.11.16	新潟	隅田川	－	－	隅田川	1987.3.31
マニ50 2144	1979.11.25	新潟	隅田川	－	－	隅田川	1987.3.31
マニ50 2145	1979.11.25	新潟	隅田川	－	－	隅田川	1987.3.31
マニ50 2146	1979.11.25	新潟	隅田川	－	－	隅田川	1987.3.31

車体番号	製造年月日	場区	落成配置	JR	改造歴など	最終配置	改造・廃車年月日
マニ50 2147	1979.11.26	富士	名古屋	ー	ー	名古屋	1987.2.9
マニ50 2148	1979.11.26	富士	名古屋	ー	ー	名古屋	1987.2.9
マニ50 2149	1979.11.26	富士	名古屋	ー	ー	名古屋	1987.2.9
マニ50 2150	1979.11.26	富士	名古屋	ー	ー	名古屋	1987.2.9
マニ50 2151	1980.3.17	新潟	隅田川	ー	ー	隅田川	1987.3.31
マニ50 2152	1980.3.17	新潟	隅田川	ー	ー	隅田川	1987.3.31
マニ50 2153	1980.3.17	新潟	隅田川	ー	ー	隅田川	1987.3.31
マニ50 2154	1980.3.17	新潟	隅田川	東	MOTOトレイン全室(1986.11)、バーボンExp.(1987)、MOTOトレイン全室	青森	1999.7.16
マニ50 2155	1980.3.17	新潟	隅田川	東	MOTOトレイン全室(1986.11)、バーボンExp.(1987)、MOTOトレイン全室	青森	1999.7.16
マニ50 2156	1980.3.17	新潟	隅田川	東	MOTOトレイン全室(1986.11)、バーボンExp.(1987)、MOTOトレイン全室	青森	1999.7.16
マニ50 2157	1980.3.17	新潟	隅田川	東	MOTOトレイン全室(1986.11)、バーボンExp.(1987)、MOTOトレイン全室	青森	1999.7.16
マニ50 2158	1980.3.17	新潟	隅田川	東	MOTOトレイン全室(1986.11)、バーボンExp.(1987)、MOTOトレイン全室(青森 1992.3)	青森	1999.7.16
マニ50 2159	1980.3.17	新潟	隅田川	東	MOTOトレイン全室(1986.11)、バーボンExp.(1987)、MOTOトレイン全室(青森 1992.3)	青森	1999.7.16
マニ50 2160	1980.3.17	新潟	隅田川	ー	ー	隅田川	1987.3.31
マニ50 2161	1980.3.24	新潟	敦賀	ー	ー	名古屋	1987.2.9
マニ50 2162	1980.3.24	新潟	敦賀	ー	ー	名古屋	1987.2.9
マニ50 2163	1980.3.24	新潟	敦賀	ー	ー	名古屋	1987.2.9
マニ50 2164	1980.3.24	新潟	敦賀	ー	ー	名古屋	1987.2.9
備考：静岡県浜松市西区入野町で利用							
マニ50 2165	1980.3.24	新潟	敦賀	西	救援車代用(富山)	富山	1995.1.31
マニ50 2166	1980.3.24	新潟	敦賀	ー	ー	富山	1987.3.10
マニ50 2167	1980.3.24	新潟	敦賀	西	救援車代用(敦賀 1986.11)	敦賀	1995.1.31
備考：松任市(現・白山市)藤木町で倉庫として利用(処分済)							
マニ50 2168	1980.3.21	富士	宮原	ー	ー	宮原	1987.3.31
マニ50 2169	1980.3.21	富士	宮原	ー	ー	宮原	1987.3.31
マニ50 2170	1980.3.21	富士	宮原	ー	ー	宮原	1987.3.31
マニ50 2171	1980.3.21	富士	宮原	ー	ー	宮原	1987.3.31
マニ50 2172	1980.3.21	富士	宮原	ー	ー	宮原	1987.3.31
マニ50 2173	1980.3.21	富士	宮原	ー	ー	宮原	1987.3.31
マニ50 2174	1980.3.21	富士	宮原	ー	ー	宮原	1987.3.31
マニ50 2175	1980.3.21	富士	宮原	ー	ー	宮原	1987.3.31
マニ50 2176	1980.3.21	富士	宮原	ー	ー	宮原	1987.3.31
マニ50 2177	1980.3.21	富士	下関	ー	ー	岡山	1987.3.31
マニ50 2178	1980.3.21	富士	下関	ー	ー	岡山	1987.3.31
マニ50 2179	1980.3.21	富士	下関	ー	ー	岡山	1987.3.31
マニ50 2180	1980.3.21	富士	下関	西	ー	下関	1991.3.31
マニ50 2181	1980.7.7	新潟	直江津	ー	救援車代用(亀山 1986.3)	亀山	1987.3.31
マニ50 2182	1980.7.7	新潟	隅田川	ー	ー	隅田川	1987.3.31
マニ50 2183	1980.7.7	新潟	隅田川	東	オランダExp.(1987)、救援車代用(南秋田 1989.3)	秋田	2020.1.31
マニ50 2184	1980.7.7	新潟	隅田川	ー	ー	隅田川	1987.3.31
マニ50 2185	1980.7.7	新潟	隅田川	東	救援車代用(高崎区 1986.11)	高崎	2019.6.7
マニ50 2186	1980.7.7	新潟	隅田川	東	救代(水戸 1986.11)、リゾートExp.ゆう電源車(1991)、廃車後東急電鉄に譲渡	水郡線	2018.7.28
マニ50 2187	1980.7.7	新潟	隅田川	ー	ー	隅田川	1987.3.31
マニ50 2188	1980.7.7	新潟	隅田川	ー	ー	隅田川	1987.3.31
マニ50 2189	1980.7.7	新潟	隅田川	ー	ー	隅田川	1987.3.31
マニ50 2190	1980.7.7	新潟	隅田川	ー	ー	隅田川	1987.3.31
マニ50 2191	1980.7.7	新潟	隅田川	東	オランダExp.(1987)、入出場控車代用(1988頃)	尾久	2008.6.16
マニ50 2192	1980.7.16	新潟	門司	九	救援車代用(大分 1986.11)	大分	1993.3.24
マニ50 2193	1980.7.16	新潟	門司	九	救援車代用(長崎 1986.11)	長崎	1993.3.24
マニ50 2194	1980.7.16	新潟	門司	九	救援車代用(竹下 1986.11→直方 1991.3)	直方	1993.3.24
マニ50 2195	1980.7.16	新潟	鹿児島	九	救援車代用(鹿児島駅)	鹿児島	1993.3.24
マニ50 2196	1980.7.16	新潟	鹿児島	ー	ー	鹿児島	1987.1.20
マニ50 2197	1980.7.16	新潟	鹿児島	ー	ー	鹿児島	1987.1.20
マニ50 2198	1980.7.16	新潟	鹿児島	ー	ー	鹿児島	1987.1.20
マニ50 2199	1980.7.9	新潟	名古屋	ー	ー	名古屋	1987.2.9
マニ50 2200	1980.7.9	新潟	名古屋	ー	ー	名古屋	1987.2.9
マニ50 2201	1980.7.9	新潟	名古屋	ー	ー	名古屋	1987.2.9
マニ50 2202	1980.7.9	新潟	名古屋	ー	ー	名古屋	1987.2.9
マニ50 2203	1980.7.9	新潟	名古屋	ー	ー	名古屋	1987.2.9
マニ50 2204	1980.7.9	新潟	名古屋	ー	ー	名古屋	1987.2.9
マニ50 2205	1980.7.9	富士	宮原	ー	ー	宮原	1987.3.31
マニ50 2206	1980.7.9	富士	宮原	ー	ー	宮原	1987.3.31
マニ50 2207	1980.7.9	富士	宮原	ー	ー	宮原	1987.3.31
マニ50 2208	1980.7.9	富士	宮原	ー	ー	岡山	1987.3.31

車体番号	製造年月日	場区	落成配置	JR	改造歴など	最終配置	改造・廃車年月日
マニ50 2209	1980.7.9	富士	宮原	―	―	岡山	1987.3.31
マニ50 2210	1980.7.9	富士	宮原	―	―	岡山	1987.3.31
マニ50 2211	1981.3.30	新潟	函館	―	―	函館	1987.3.31
マニ50 2212	1981.3.30	新潟	函館	―	―	函館	1987.3.31
マニ50 2213	1981.3.30	新潟	函館	―	―	函館	1987.3.31
マニ50 2214	1981.3.30	新潟	函館	―	―	函館	1987.3.31
マニ50 2215	1981.3.30	新潟	函館	北	救援車代用(函館)	函館	2006.10.6
マニ50 2216	1981.5.25	新潟	隅田川	―	―	汐留	1987.3.31
マニ50 2217	1981.5.25	新潟	隅田川	―	―	汐留	1987.3.31
マニ50 2218	1981.5.25	新潟	隅田川	四	救援車代用(高知 1986.11)	高知	1991.12.31
マニ50 2219	1981.5.25	新潟	隅田川	東	オランダExp.(1987)、入出場控車代用	尾久	1998.12.14
マニ50 2220	1981.5.25	新潟	隅田川	四	救援車代用(松山 1986.11)	松山	1991.12.31
マニ50 2221	1981.7.6	新潟	名古屋	―	―	名古屋	1987.2.9
マニ50 2222	1981.7.20	富士	名古屋	―	―	名古屋	1987.2.9
マニ50 2223	1981.7.20	富士	名古屋	―	―	名古屋	1987.2.9
マニ50 2224	1981.7.6	新潟	敦賀	―	―	名古屋	1987.2.9
マニ50 2225	1981.7.6	新潟	敦賀	四	救援車代用(高松区 1986.11)	高松	1991.12.31
マニ50 2226	1981.7.6	新潟	敦賀	海	救援車代用(静岡区 1986.11)	静岡	1995.12.27
マニ50 2227	1981.7.6	新潟	下関	西	―	下関	1991.3.31
マニ50 2228	1981.7.6	新潟	下関	西	救援車代用(小郡 1986.11)	下関	2010.1.4
マニ50 2229	1981.7.20	富士	竜華	―	救援車代用(新宮 1986.3)	竜華	1987.3.31
マニ50 2230	1981.7.20	富士	竜華	西	救援車代用(和歌山)、マニ50 5001(宮原 1988. 3)	宮原	1988.6.30
マニ50 2231	1981.7.20	富士	竜華	―	―	竜華	1987.3.31
マニ50 2232	1981.7.20	富士	竜華	西	救援車代用(亀山 1986.11)、救援車代用(梅小路 1991)	京都総	2007.11.5
マニ50 2233	1981.7.20	富士	竜華	―	―	竜華	1987.3.31
マニ50 2234	1981.7.20	富士	竜華	―	―	竜華	1987.3.31
マニ50 2235	1981.7.20	富士	竜華	―	―	竜華	1987.3.31
マニ50 2236	1981.10.12	新潟	隅田川	東	オランダExp.(1987)、オリエント急行(1988)、日立留置→処分?	尾久	1996.7.30
マニ50 2237	1981.10.12	新潟	隅田川	東	救援車代用(品川)、オランダExp.(1987)	尾久	1996.7.30
マニ50 2238	1981.10.12	新潟	隅田川	東	救援車代用(酒田 1986.11)	上沼垂	1996.7.9
マニ50 2239	1981.10.12	新潟	隅田川	東	救援車代用(長岡区 1986.11)	長岡	2006.9.30
マニ50 2240	1981.10.12	新潟	隅田川	東	救援車代用(上沼垂 1986.11)	上沼垂	1997.8.6
マニ50 2241	1981.10.12	新潟	隅田川	東	救援車代用(長野駅)	長野	2003.10.8
マニ50 2242	1981.10.12	新潟	隅田川	―	―	長野	1987.3.31
マニ50 2243	1981.10.12	新潟	隅田川	東	マザーグーストレイン(長野工改 1987.3)	長野	1994.8.1
マニ50 2244	1981.10.12	新潟	隅田川	―	―	長野	1987.3.31
マニ50 2245	1981.10.12	新潟	隅田川	海	救援車代用(名古屋)	名古屋	1995.12.26
マニ50 2246	1981.10.19	新潟	福知山	―	―	福知山	1987.3.31
マニ50 2247	1981.10.19	新潟	福知山	―	―	鹿児島	1987.3.31
マニ50 2248	1981.10.19	新潟	福知山	―	―	福知山	1987.3.31
マニ50 2249	1981.10.19	新潟	福知山	―	―	福知山	1987.3.31
マニ50 2250	1981.10.19	新潟	福知山	―	―	鹿児島	1987.3.31
マニ50 2251	1981.10.19	新潟	福知山	―	―	鹿児島	1987.3.31
マニ50 2252	1981.10.19	新潟	福知山	―	―	鹿児島	1987.3.31
マニ50 2253	1981.10.13	富士	福知山	海	救援車代用(名古屋)、レールパーク展示(1993)	名古屋	1994.12.22
備考：廃車後も引き続き佐久間レールパークにて展示(処分済み)							
マニ50 2254	1981.10.13	富士	宮原	西	救援車代用(福知山 1986.11)	福知山	1998.4.21
マニ50 2255	1981.10.13	富士	宮原	―	―	宮原	1987.3.31
マニ50 2256	1981.10.13	富士	宮原	西	マニ50 5002(1988.7)	宮原	1988.7.4
マニ50 2257	1981.10.13	富士	下関	西	救援車代用(広島 1986.11)	下関(広島支)	2023.11.1
マニ50 2258	1981.10.13	富士	下関	西	救援車代用(下関)	下関	2010.2.8
マニ50 2259	1981.10.13	富士	門司	―	―	門司	1987.1.14
マニ50 2260	1981.10.13	富士	門司	―	―	門司	1987.1.14
マニ50 2261	1981.10.13	富士	門司	―	―	門司	1987.1.14
マニ50 2262	1982.10.5	富士	金沢	―	―	金沢	1987.3.10
マニ50 2263	1982.10.5	富士	金沢	―	―	金沢	1987.3.10
マニ50 2264	1982.10.5	富士	金沢	西	救援車代用(金沢)	金沢	1995.1.31
マニ50 5001	1988.6.30	鷹取工	宮原	西	元マニ50 2230	宮原	1999.9.16
マニ50 5002	1988.7.4	鷹取工	宮原	西	元マニ50 2256	宮原	1999.9.16

スユニ50

車体番号	種車番号	製造年月日	場区	落成配置	JR	改造歴など	最終配置	廃車年月日
スユニ50 2001	スハネ16 2086	1978.6.21	長野工	鹿児島	ー	ー	鹿児島	1987.1.20
スユニ50 2002	スハネ16 2132	1978.7.5	長野工	鹿児島	ー	ー	鹿児島	1987.1.20
スユニ50 2003	スハネ16 2610	1978.6.30	幡生工	鹿児島	ー	ー	鹿児島	1987.1.20
スユニ50 2004	スハネ16 56	1978.6.15	幡生工	鹿児島	ー	ー	鹿児島	1987.1.20
スユニ50 2005	スハネ16 2617	1978.6.23	後藤工	鹿児島	ー	ー	米子	1987.2.6
スユニ50 2006	スハ43 567	1978.9.7	幡生工	出雲	ー	ー	米子	1987.2.6
スユニ50 2007	スハ43 2218	1978.9.25	幡生工	出雲	ー	ー	米子	1987.2.6
スユニ50 2008	スハネ16 25	1978.8.17	後藤工	出雲	ー	ー	米子	1987.2.6
スユニ50 2009	スハネ16 83	1978.9.26	後藤工	出雲	ー	ー	米子	1987.2.6
スユニ50 2010	スハネ16 187	1978.9.18	小倉工	出雲	ー	ー	米子	1987.2.6
スユニ50 2011	スハネ16 188	1978.9.21	小倉工	出雲	ー	ー	米子	1987.2.6
スユニ50 2012	スハフ42 2106	1978.8.29	長野工	宮原	ー	ー	宮原	1986.3.31
スユニ50 2013	スハフ42 2045	1978.9.11	長野工	宮原	ー	ー	宮原	1986.3.31
スユニ50 2014	スハ43 418	1978.7.31	名古屋工	宮原	ー	ー	宮原	1986.3.31
スユニ50 2015	スハ43 419	1978.9.26	名古屋工	宮原	ー	ー	宮原	1986.3.31
スユニ50 2016	スハネ16 63	1978.8.19	幡生工	宮原	ー	ー	宮原	1986.3.31
スユニ50 2017	スハ43 2015	1979.12.25	名古屋工	姫路	ー	ー	宮原	1986.3.31
スユニ50 2018	スハ43 2293	1980.1.31	名古屋工	郡山	東	救援車代用(盛岡 1986.3)	盛岡	2020.1.8
スユニ50 2019	スハ43 2250	1980.3.13	名古屋工	郡山	ー	ー	郡山	1987.1.26
スユニ50 2020	スハ43 2178	1980.3.29	名古屋工	郡山	ー	ー	郡山	1987.1.26
スユニ50 2021	スハ43 572	1979.10.30	後藤工	郡山	ー	ー	新津	1987.3.31
スユニ50 2022	スハ43 2429	1979.12.24	名古屋工	姫路	ー	ー	宮原	1986.3.31
スユニ50 2023	スハ43 2251	1980.2.18	後藤工	郡山	ー	ー	福島	1987.1.26
スユニ50 2024	スハ43 2232	1980.3.27	後藤工	郡山	ー	ー	郡山	1987.1.26
スユニ50 2025	スハ43 2431	1979.12.10	幡生工	福島	ー	ー	竜華	1986.3.31
スユニ50 2026	スハ43 571	1979.10.27	幡生工	長野	ー	ー	長野	1987.3.31
スユニ50 2027	スハ43 2253	1980.1.25	長野工	長野	ー	ー	長野	1987.3.31
スユニ50 2028	スハ43 2297	1980.5.2	長野工	長野	ー	ー	長野	1987.3.31
スユニ50 2029	スハ43 2328	1980.7.1	長野工	長野	ー	ー	長野	1987.3.31
スユニ50 2030	スハ43 2361	1980.3.28	長野工	長野	ー	ー	長野	1987.1.26
スユニ50 2031	スハ43 587	1979.10.	小倉工	新津	ー	ー	新津	1987.3.31
スユニ50 2032	スハ43 564	1980.1.	小倉工	新津	ー	ー	新津	1987.3.31
スユニ50 2033	スハ43 161	1980.3.14	小倉工	郡山	ー	ー	郡山	1987.1.26
スユニ50 2034	スハ43 569	1980.2.29	幡生工	福島	ー	ー	福島	1987.1.26
スユニ50 2035	スハ43 596	1980.3.27	幡生工	福島	ー	ー	福島	1987.1.26
スユニ50 2036	オハ46 683	1980.10.31	幡生工	郡山	東	救援車代用(福島 1986.3)	仙台	1994.6.20
スユニ50 2037	スハフ42 312	1980.11.29	幡生工	郡山	東	救援車代用(会津若松 1986.3)	仙台	2005.12.1
スユニ50 2038	オハ46 387	1981.3.18	小倉工	新津	ー	ー	新津	1987.3.31
スユニ50 2039	スハフ42 275	1980.10.29	後藤工	宮原	ー	ー	宮原	1986.3.31
スユニ50 2040	スハ43 2355	1980.12.13	後藤工	宮原	ー	ー	宮原	1986.3.31
スユニ50 2041	スハフ42 2264	1981.2.16	後藤工	宮原	ー	ー	宮原	1986.3.31
スユニ50 2042	スハ43 2490	1980.9.17	幡生工	宮原	ー	ー	宮原	1986.3.31
スユニ50 2043	オハ46 684	1980.9.19	小倉工	宮原	ー	ー	宮原	1986.3.31
スユニ50 2044	スハフ42 2026	1980.12.12	小倉工	宮原	ー	ー	宮原	1986.3.31
スユニ50 2045	スハフ42 2236	1980.8.25	鹿児島工	宮原	ー	ー	宮原	1986.3.31
スユニ50 2046	スハフ42 2127	1981.3.30	後藤工	高松	ー	ー	高松	1987.3.31
スユニ50 2047	スハフ42 137	1981.11.27	後藤工	竜華	ー	ー	竜華	1986.3.31
スユニ50 2048	オハ46 10	1982.2.25	後藤工	竜華	ー	ー	竜華	1986.3.31
スユニ50 2049	オハ46 697	1982.2.1	幡生工	竜華	ー	ー	竜華	1986.3.31
スユニ50 2050	オハ46 694	1982.3.4	幡生工	竜華	ー	ー	竜華	1986.3.31
スユニ50 2051	スハ43 186	1981.8.27	小倉工	竜華	ー	ー	竜華	1986.3.31
スユニ50 2052	スハ43 235	1981.11.30	小倉工	竜華	ー	ー	竜華	1986.3.31
スユニ50 2053	オハフ45 20	1982.1.23	小倉工	竜華	ー	ー	竜華	1986.3.31
スユニ50 2054	スハ43 67	1981.8.19	小倉工	竜華	ー	ー	竜華	1986 .3.31
スユニ50 2055	スハ43 175	1981.10.15	小倉工	竜華	ー	ー	竜華	1986.3.31
スユニ50 2056	スハ43 262	1981.10.15	幡生工	広島	ー	ー	下関	1987.3.31
スユニ50 2057	スハフ42 2141	1981.12.	幡生工	広島	ー	ー	下関	1987.3.31
スユニ50 2058	スハ43 207	1981.8.18	幡生工	高知	ー	ー	高松	1987.3.31
備考：高松市高畠小児科・アレルギー科医院にて利用								
スユニ50 2059	オハ46 11	1982.12.11	名古屋工	竜華	ー	ー	竜華	1986.3.31
スユニ50 2060	オハ46 44	1983.3.14	名古屋工	竜華	ー	ー	竜華	1986.3.31

車体番号	種車番号	製造年月日	場区	落成配置	JR	改造歴など	最終配置	廃車年月日
スユニ50 2061	スハフ42 97	1983.3.9	幡生工	竜華	―	―	竜華	1986.3.31
スユニ50 2062	スハフ42 108	1982.12.25	幡生工	竜華	―	―	竜華	1986.3.31
スユニ50 2063	スハフ42 112	1982.10.20	幡生工	宮原	―	―	宮原	1986.3.31
スユニ50 501	オハ46 2535	1978.9.17	長野工	札幌	―	―	札幌	1986.10.24
備考：小樽市総合博物館にて保存								
スユニ50 502	オハ46 2536	1978.10.19	長野工	札幌	北	救援車代用(岩見沢 1986.11)	岩見沢	1994.11.1
スユニ50 503	スハ43 173	1978.10.26	名古屋工	札幌	―	―	札幌	1987.2.18
スユニ50 504	スハ43 174	1978.11.17	名古屋工	網走	北	救援車代用(苫小牧 1986.11)	函館	2002.10.21
スユニ50 505	スハ43 2285	1978.10.30	幡生工	網走	―	―	札幌	1987.3.20
備考：三笠鉄道村にて保存								
スユニ50 506	スハ43 68	1978.11.17	幡生工	網走	―	―	札幌	1987.2.18
スユニ50 507	オハ46 686	1980.11.12	長野工	函館	―	―	旭川	1986.12.15
スユニ50 508	スハフ42 2087	1980.12.25	長野工	函館	―	―	旭川	1986.12.15
スユニ50 509	オハ46 383	1980.10.16	名古屋工	函館	―	―	函館	1987.2.18
備考：メモリアルシップ八甲田にて保存								
スユニ50 510	スハ43 2353	1980.11.14	名古屋工	函館	―	―	函館	1987.2.18
備考：メモリアルシップ八甲田にて保存								
スユニ50 511	スハ43 2478	1981.3.31	名古屋工	函館	北	救援車代用(帯広 1986.11→旭川 1990.4)	旭川	2018.9.30
スユニ50 512	スハフ42 2308	1981.3.31	名古屋工	函館	―	―	函館	1987.2.18
備考：旭川市郊外のドライブイン古潭荘にて利用(処分済)								
スユニ50 513	スハ43 2639	1981.10.27	長野工	旭川	―	―	旭川	1986.12.15
スユニ50 514	スハ43 2424	1981.10.27	長野工	旭川	北	救援車代用(釧路 1986.11)	釧路	2018.3.31
スユニ50 515	スハ43 2635	1981.12.	長野工	旭川	―	―	旭川	1986.12.15
スユニ50 516	オハ46 2027	1981.8.26	名古屋工	旭川	―	―	旭川	1986.12.15
スユニ50 517	オハ46 2028	1981.10.1	名古屋工	旭川	―	―	旭川	1986.12.15
備考：佐呂間町交通公園にて保存								

マニ30 2007～

車体番号	製造年月日	場区	落成配置	JR	最終配置	廃車年月日	備考
マニ30 2007	1978.9.21	日車	宮原	貨	吹田	2003※	※廃車日は非公表
マニ30 2008	1978.9.21	日車	品川	貨	東京貨物ターミナル	2003※	―
マニ30 2009	1978.9.21	日車	尾久	貨	東京貨物ターミナル	2003※	―
マニ30 2010	1979.5.15	日車	品川	貨	東京貨物ターミナル	2003※	―
マニ30 2011	1979.5.15	日車	尾久	貨	隅田川	2003※	―
マニ30 2012	1979.5.15	日車	尾久	貨	隅田川	2003※	小樽市総合博物館にて保存

作成：葛 英一・藤田吾郎

スユ15 2019～

RM LIBRARY158 国鉄鋼製郵便客車(下)24頁より抜粋

車体番号	製造年月日	場区	落成配置	JR	最終配置	廃車年月日	備考
スユ15 2019	1981.6	日車	高松	―	大井	1987.1.23	
スユ15 2020	1981.6	日車	高松	―	大井	1987.1.23	
スユ15 2021	1981.6	日車	高松	―	大井	1987.1.23	
スユ15 2022	1981.6	日車	高松	―	大井	1987.1.23	
スユ15 2023	1981.4	日車	熊本	―	大井	1987.1.23	
スユ15 2024	1981.4	日車	熊本	―	大井	1987.1.23	
スユ15 2025	1981.4	日車	熊本	―	大井	1987.1.23	
スユ15 2026	1981.4	日車	熊本	―	隅田川	1987.1.23	
スユ15 2027	1981.4	日車	熊本	―	隅田川	1987.1.23	
スユ15 2028	1982.10.7	日車	宮原	―	隅田川	1987.1.23	
スユ15 2029	1982.10.7	日車	宮原	―	隅田川	1987.1.23	
スユ15 2030	1982.10.7	日車	宮原	―	宮原	1986.12.27	
スユ15 2031	1982.10.26	近車	隅田川	―	隅田川	1986.10.3	
スユ15 2032	1982.10.26	近車	隅田川	―	隅田川	1987.1.23	
スユ15 2033	1982.10.26	近車	隅田川	―	隅田川	1986.12.27	保存(北見市個人)
スユ15 2034	1982.10.26	近車	隅田川	―	隅田川	1987.1.23	
スユ15 2035	1982.10.26	近車	隅田川	―	隅田川	1986.10.3	
スユ15 2036	1982.10.26	近車	隅田川	―	隅田川	1987.1.23	
スユ15 2037	1982.10.26	近車	隅田川	―	隅田川	1986.10.3	
スユ15 2038	1982.10.26	近車	隅田川	―	隅田川	1986.10.3	
スユ15 2039	1982.10.26	近車	隅田川	―	隅田川	1987.1.23	

郵便・荷物車編成記録

マニ50、スユニ50、マニ30、スユ15

調査：西脇浩二（01〜36）、藤井　曄（37〜46）
調査場所：名古屋付近（01〜36・特記以外）
※記録日及び37〜46の場所は各編成図参照。

荷39レ

汐留発東小倉行の郵便・荷物列車。

01　1980.2.11

EF58 36	マニ61 2205	オユ12 11	マニ60 514	マニ60 504	マニ50 2069	オユ11 105	ワキ8007	ワキ8756	マニ60 365
米	大キト	四カマ	四カマ	四コチ	南トメ	南トメ	南トメ	門モシ	門サキ

02　1980.9.11

EF58 93	ワキ8751	マニ44 2009	マニ36 2027	マニ50 2115	マニ60 2453	マニ44 2032	マニ50 2015	オユ14 204	ワキ8784	マニ50 2113
浜	広セキ	広ヒロ	大ミハ	大ミハ	名ナコ	南トメ	南トメ	門モシ	門モシ	大ミハ

荷5041レ

1973年7月10日の中央西線電化時に中津川〜長野間で客扱いをする郵便・荷物列車として荷5044レとペアで設定された列車。1982年11月改正で客扱い区間が電車化されたため郵便・荷物専用の列車となり1984年2月改正で廃止となった。

03　1982.8.21

EF64 12	オユ10 2569	マニ50 2029	ワキ8964	マニ60 2056	マニ36 2130
篠	長ナノ	長ナノ	名ナコ	名ナコ	名ナコ

（熱田→名古屋）

マニ50 2029	ワキ8964	マニ60 2056	マニ36 2130	マニ36 2127	DD51 1041
長ナノ	名ナコ	名ナコ	名ナコ	名ナコ	亀

802レ 急行〈きそ〉

1975年3月10日改正（新幹線の博多乗り入れ）以後の名古屋区受け持ち唯一の優等列車で801レとペアとなる。関西線電化の1982年5月改正から編成が逆になった。また、同年11月改正（東北新幹線の大宮暫定開業）で寝台車なしの12系化された。

04　1981.8.30〜31

EF64 53	オハフ46 2008	オハ46 2023	ナハ10 2901	オハ46 2376	オハ46 2674	オハフ46 2026	スハネ16 2246	オハネフ12 2032	スユニ50 2028	マニ36 2134
篠	名ナコ	名ナコ	名ナコ	名ナコ	名ナコ	名ナコ	名ナコ	名ナコ	長ナノ	名ナコ

05　1982.2.6〜7

EF64 43	オハフ45 2104	オハ47 2168	オハ46 2495	オハフ46 2027	オハ46 2674	オハフ46 2026	スハネ16 2185	オハネフ12 2032	スユニ50 2027	マニ36 2046
篠	名ナコ	名ナコ	名ナコ	名ナコ	名ナコ	名ナコ	名ナコ	名ナコ	長ナノ	名ナコ

荷4041レ

1978年10月改正の荷客分離で設定された列車。熱田から関西本線を通り百済まで向かう郵便・荷物列車で、亀山にて編成解結と稲沢のDD51から亀山のDD51への交換が行なわれた。これは関西本線経由のいずれの郵便・荷物列車でも同様。1985年3月改正で廃止になった。

06　1982.5.16

DD51 662	スユニ61 31	スユニ50 2047	マニ61 2201	マニ50 2235	マニ44 2078	マニ60 152
稲1	天シク	天リウ	天リウ	天リウ	天リウ	天リウ

スユニ61 31	スユニ50 2047	マニ61 2201	マニ50 2235	マニ44 2031	DD51 662
天シク	天リウ	天リウ	天リウ	名ナコ	稲1

（熱田→名古屋）

荷2031レ

汐留発東小倉行きの郵便・荷物列車。天リウ車は名古屋止、名ナコ車は名古屋で増結。

07　1980.8.5　豊橋

EF58 52	ワキ8790	マニ44 2011	マニ61 207	マニ44 2032	マニ50 2070	オユ10 1002	スユ44 10	スユ15 2008	ワキ8786	マニ50 2194
浜	広セキ	広ヒロ	天リウ	南トメ	南トメ	門モシ	南トメ	門モシ	門モシ	門モシ

08　1982.5.16

EF58 169	ワキ8569	マニ44 2002	マニ36 2229	マニ50 2204	マニ50 2033	マニ36 214	マニ44 2034	マニ50 2024	オユ10 1001	スユ44 4	スユ15 2004	ワキ8555	マニ44 2099	マニ50 2193
浜	広セキ	広セキ	天リウ	名ナコ	名ナコ	名ナコ	南トメ	南トメ	門モシ	南トメ	門モシ	門モシ	門モシ	門モシ

荷36レ

東小倉発汐留行きの郵便・荷物列車。

09　1982.5.16

EF58 74	マニ50 2053	マニ36 212	マニ44 2087	オユ12 31	マニ50 2259	ワキ8579	ワキ8576	スユ16 2203	マニ44 2092
米	南トメ	四コチ	四カマ	四カマ	門モシ	門モシ	門モシ	南トメ	門モシ

10　1982.5.18

EF58 96	マニ50 2065	マニ36 106	マニ44 2089	オユ12 20	マニ50 2261	ワキ8574	ワキ8578	オユ11 102	ワサフ8010
米	南トメ	四コチ	四カマ	四カマ	門モシ	門モシ	門モシ	南トメ	門モシ

荷38レ

広島区のEF61が広島～浜松間で牽引する、有名な東小倉発汐留行きの郵便・荷物列車。

11 — 1979.10.15

EF61 4	マニ35 2009	マニ44 2003	ワキ8763	マニ36 75	ワキ8792	オユ12 21	スユ44 2	オユ10 1004	マニ50 2053	マニ44 2036
広	天リウ	広ヒロ	広セキ	門モシ	門モシ	門モシ	南トメ	門モシ	南トメ	南トメ

12 — 1981.2.2

EF61 2	ワキ8768	マニ50 2193	マニ44 2100	ワキ8787	スユ15 2010	スユ44 2	オユ10 1005	マニ50 2024	マニ44 2036
広	広セキ	門モシ	門モシ	熊クマ	門モシ	南トメ	門モシ	南トメ	南トメ

荷2040レ

後述する荷5043レと荷4043レ用の車輌を名古屋から熱田まで動かすための1区間のみの列車であるが、東海道本線上をDD51が11輌もの荷物車、郵便車を連ねた壮大な編成。

13 — 1982.5.16

DD51 661	スユニ50 2055	マニ36 2234	マニ44 2028	マニ36 104	マニ36 2256	マニ36 2044	マニ60 2424	ワキ8962	マニ36 2134	マニ44 2027	マニ60 2453
稲1	天リウ	名ナコ	名ナコ	名ナコ	長ナノ	名ナコ	名ナコ	名ナコ	名ナコ	名ナコ	名ナコ

14 — 1983.1.4

DD51 531	スユニ50 2051	マニ36 2233	マニ44 2139	マニ36 2116	マニ44 2027	マニ50 2202	マニ60 2054	ワキ8964	マニ36 2149	マニ44 2130	マニ44 2030
亀	天リウ	名ナコ	名ナコ	名ナコ	名ナコ	名ナコ	長ナノ	名ナコ	名ナコ	名ナコ	名ナコ

荷9044レ

臨時の郵便・荷物列車。

15 — 1980.12.16

EF58 44	マニ36 2218	マニ61 4	マニ36 2238	マニ50 2052	スユ13 2036	スユ16 2206	マニ44 2014	マニ50 2174	マニ44 2051
宮	新サカ	岡オカ	北スミ	南トメ	南シナ	南トメ	大ムコ	大ミハ	大ムコ

荷5043レ

中央西線の電化後に設定された列車で、荷5041レ・荷5044レは中津川～長野間で客扱いするのに対し、この荷5043レと後述の荷5042レは郵便・荷物専用だった。1978年10月改正よりパレット車が編成に入り、運転区間が名古屋～北長野から熱田～北長野に変更された。1984年2月改正で郵便・荷物合造車とパレット車が編成からなくなり、1985年3月改正で廃止となった。

16 — 1980.8.7

EF64 42	スユニ50 2028	マニ60 2054	マニ60 2042	マニ36 2046	ワキ8962	マニ60 2097
篠	長ナノ	長ナノ	名ナコ	名ナコ	名ナコ	名ナコ

17 — 1980.8.14

EF64 69	スユニ50 2027	マニ36 2145	マニ50 2147	マニ60 2024	ワキ8960	マニ36 2133
篠	長ナノ	長ナノ	名ナコ	名ナコ	名ナコ	名ナコ

荷5042レ

中央西線の電化後に設定された列車で、荷5043レと同様に郵便・荷物専用。1978年10月改正よりパレット車が入り、1984年2月改正で廃止となった。また1978年10月改正より、それまで名古屋～北長野だった運転区間が熱田～北長野に変更された。

18 — 1980.9.20

EF64 44	EF64 51	マニ36 2134	ワキ8960	マニ36 2145	マニ50 2030	マニ36 2228	スユニ50 2026
篠	篠	名ナコ	名ナコ	長ナノ	名ナコ	長ナノ	長ナノ

マニ36 215	マニ60 2024	マニ36 2134	ワキ8960	マニ36 2145	マニ50 2030	マニ36 2228	スユニ50 2026	EF58 60
名ナコ	名ナコ	名ナコ	名ナコ	長ナノ	名ナコ	長ナノ	長ナノ	浜

（熱田→名古屋）

荷4043レ

1978年10月改正の荷客分離で設定され、天リウの郵便・荷物車で組成された列車。中京地区の鉄道小荷物のひとつの拠点であった熱田から、阪和・関西本線方面への鉄道小荷物センターのあった百済への郵便・荷物列車。1985年3月改正で廃止。

19 — 1982.1.7

DD51 746	スユニ50 2047	マニ60 126	マニ36 2113
稲1	天リウ	天リウ	天リウ

スユニ50 2047	マニ60 126	マニ50 2030	マニ44 2071	マニ36 215	EF58 157
天リウ	天リウ	名ナコ	名ナコ	名ナコ	浜

（熱田→名古屋）

荷2032レ

鹿児島発汐留行きの郵便・荷物列車。途中、熊本、博多、東小倉、糸崎、大阪、米原、名古屋で編成の解結が行なわれた。

20 — 1980.2.11

EF58 162	マニ60 2008	ワキ8523	マニ50 2021	スニ40 3	ワキ8750	スユ16 2207	オユ12 24	ワキ8758	ワキ8950	マニ50 2065
浜	名ナコ	金トヤ	鹿カコ	鹿カコ	鹿カコ	南トメ	熊クマ	南トメ	南トメ	南トメ

21 — 1980.9.4

EF58 94	マニ60 2097	ワキ8522	マニ50 2195	スニ40 13	スニ40 22	スユ16 2205	オユ12 27	マニ44 2035	ワキ8008	マニ50 2018
浜	名ナコ	金トヤ	鹿カコ	鹿カコ	鹿カコ	南トメ	熊クマ	南トメ	南トメ	南トメ

荷31レ

広島区のEF61が牽引する汐留発鹿児島行きの郵便・荷物列車。EF61での牽引は浜松から広島までで、汐留～浜松間は浜松区のEF58、広島～下関間は下関区のEF58が牽引した。また、同列車には事業用車が回送のため連結されている。

22 — 1980.12.17

EF61 2	ワキ8522	マニ36 2009	オエ61 26	マニ44 2030	マニ50 2068	ワキ8761	ワキ8783	スユ15 2015	オユ11 1002	スニ40 22	スニ40 5	マニ50 2022
広	金トヤ	名ナコ	名マイ	名ナコ	南トメ	南トメ	南トメ	熊クマ	南トメ	鹿カコ	鹿カコ	鹿カコ

23 — 1983.9.9

EF61 1	ワキ8522	マニ44 2027	マニ44 2130	マニ50 2064	ワキ8951	ワキ8543	スユ15 2015	スユ16 2203	ワキ8543	スニ40 18	マニ50 2014	マヤ 34 2009
広	金トヤ	名ナコ	名ナコ	南トメ	南トメ	南トメ	熊クマ	南トメ	大ミハ	鹿カコ	鹿カコ	大ムコ

荷4044レ

百済から熱田への関西本線経由の郵便・荷物列車で、1984年2月改正より荷4042レとなった。

24 1982.5.16

DD51 713	マニ50 2233	マニ35 2054	スユニ50 2052
稲1	天リウ	天リウ	天リウ

マニ35 2054	スユニ50 2052	DD51 713
天リウ	天リウ	稲1

（名古屋→熱田）

荷2030レ

東小倉発横浜羽沢行きの荷物列車。

25 1979.11.4

EF58 165	マニ60 2069	マニ44 2071	マニ36 2133	マニ36 2234	マニ44 2041	マニ44 2059	マニ50 2050	マニ36 103	ワサフ8010
浜	天リウ	名ナコ	名ナコ	名ナコ	盛アオ	盛モカ	盛モカ	門モシ	門モシ

26 1982.5.16

EF58 52	マニ50 2233	マニ44 2031	マニ50 2033	マニ50 2204	マニ50 2051	マニ44 2040	マニ44 2060	ワサフ8538	スニ40 6	マニ50 2042
浜	天リウ	名ナコ	名ナコ	名ナコ	盛モカ	盛モカ	盛モカ	熊クマ	熊クマ	熊クマ

荷33レ

汐留発熊本行きの郵便・荷物列車。東京口では東海道旅客線経由での運転で、途中、名古屋、京都、下関、東小倉の各駅で編成解結を行なった。

27 1979.11.4

EF58 60	マニ36 59	ワキ8790	ワキ8950	マニ50 2027	マニ50 2016	オユ12 25	スユ16 2202	スニ40 12	スニ40 9	マニ50 2058
浜	広セキ	広セキ	南トメ	南トメ	南トメ	熊クマ	南トメ	熊クマ	熊クマ	熊クマ

28 1983.4.6

EF58 167	マニ61 2201	マニ44 2080	マニ30 2010	マニ50 2025	マニ50 2065	マニ44 2102	マニ44 2101	スユ15 2013	スユ16 2201	スニ40 2010	スニ40 16	マニ50 2058
浜	天リウ	天リウ	南シナ	南トメ	南トメ	門モシ	門モシ	熊クマ	南トメ	熊クマ	熊クマ	熊クマ

荷5044レ

長野→中津川間では旅客車をつなげて客扱いをする荷物列車で、1978年10月改正で運転区間が北長野～熱田間に変更。1978年10月改正よりパレット車が入り、1985年3月改正で廃止になった。

29 1984.12.31

EF64 5	マニ50 2204	マニ36 2127	マニ44 2133
稲2	名ナコ	名ナコ	名ナコ

マニ50 2204	マニ36 2127	マニ44 2133	DD51 750
名ナコ	名ナコ	名ナコ	稲1

（名古屋→熱田）

荷2033レ

横浜羽沢発名古屋行きの荷物列車。途中、編成の解結は行なわれず終点まで結んだ。

30 1980.12.18

EF58 128	マニ44 2043	マニ44 2039	マニ50 2028	マニ50 2147	マニ44 2031	マニ36 2113
宮	盛アオ	盛アオ	名ナコ	名ナコ	名ナコ	天リウ

荷4046レ

百済から熱田への関西本線経由の郵便・荷物列車で、1984年2月改正より荷4044レとなった。百済～亀山間では亀山区のDE10重連による牽引だった。

31 1981.12.28

DD51 746	マニ60 2399	マニ44 2081	マニ36 208	マニ36 92	スユニ50 2054	スユニ61 23
稲1	天リウ	天リウ	天リウ	天リウ	天リウ	天リウ

32 1981.12.29

DD51 714	スユニ61 36	スユニ50 2055	マニ60 155	マニ50 2234	マニ44 2030
稲1	天シク	天リウ	天リウ	天リウ	名ナコ

荷35レ

汐留発熊本行きの郵便・荷物列車。途中、横浜羽沢、東小倉で編成解結を行なったが、関東地区から九州内までの長い区間で同じ編成のまま走る列車だった。

33 1981.12.29

EF58 60	マニ60 367	ワキ8547	ワキ8545	スユ15 2014	スユ44 2	マニ50 2059	スニ40 9	ワサフ8534	ワサフ8503	マニ50 2119	マニ36 2253
浜	門サキ	南トメ	南トメ	熊クマ	南トメ	熊クマ	熊クマ	熊クマ	北スミ	北スミ	北スミ

34 1983.3.10

EF58 5	マニ36 318	ワキ8526	ワキ8950	スユ15 2017	スユ44 1	マニ50 2047	ワキ8583	ワサフ8534	ワサフ8505	マニ44 2122	マニ50 2220
浜	門サキ	南トメ	南トメ	熊クマ	南トメ	熊クマ	熊クマ	熊クマ	北スミ	北スミ	北スミ

801レ 急行〈きそ〉

35 1981.3.25～26

EF64 48	スユニ50 2028	マニ60 2382	オハネフ 12 2021	スハネ 16 2101	オハフ46 2026	オハ46 2023	スハ40 2093	オハ47 2014	スハ40 2114	オハフ46 2027
篠	長ナノ	長ナノ	名ナコ	名ナコ	名ナコ	名ナコ	名ナコ	名ナコ	名ナコ	名ナコ

36 1982.6.21～22

EF64 42	オハフ45 2105	オハ46 2376	オハ46 2671	オハ47 2014	オハ46 2674	オハフ45 2106	スハネ 16 2101	オハネフ 12 2021	スユニ50 2027	マニ60 2054
篠	名ナコ	名ナコ	名ナコ	名ナコ	名ナコ	名ナコ	名ナコ	名ナコ	長ナノ	長ナノ

234レ

1981.5.2　伊達紋別にて

37	DD51 597	マニ60 2124	マニ36 2242	マニ50 2212	オハフ62 36	オハ35 777	オハ35 854	オハ35 1300	オハフ33 1033
	岩2	新ナオ	北スミ	函ハコ	札ムロ	札ムロ	札ムロ	函ハコ	札ムロ

荷46レ

旭川→札幌　1981.5.2　札幌にて

38	ED76 503	マニ36 2091	マニ50 2128	オユ10 2533	マニ60 442	スユニ50 508	マニ60 244	マニ50 2207	マニ50 2129
	岩2	新ナオ	北スミ	旭アサ	旭アサ	函ハコ	釧クシ	大ミハ	北スミ

317レ 急行〈利尻〉

札幌→稚内　1981.5.3　札幌にて

39		7	6	6増	5	4	3	2	1		
	DD51 1048	スハフ44 16	スハフ44 3	オハ36 503	スハ43 714	スロ54 503	オハネフ12 510	スハネ16 508	スハネ16 501	スユニ50 502	マニ50 2164
	築	札サウ	札サウ	札サウ	札サウ	札サウ	札サウ	札サウ	札サウ	札サウ	金ツル

417レ 急行〈狩勝〉7号

札幌→釧路　1981.5.3　札幌にて

40		10	9	8	7	6	5	4	3	2	増1	1		
	DD51 636	オハネフ12 511	オハネ12 504	スハネ16 517	オハネ12 501	オハネ12 508	オハネフ12 509	オロネ10 501	スロ54 505	スハ45 7	スハ43 709	スハフ44 12	マニ50 2187	オユ10 2528
	釧	札サウ	札サウ	札サウ	札サウ	札サウ	札サウ	札サウ	札サウ	札サウ	札サウ	札サウ	北スミ	北スミ

517レ 急行〈大雪〉7号

札幌→釧路　1981.5.3　札幌にて

41		8	7	6	6増	5	4	3	2	1	
	DD51 706	スハフ42 508	スハフ44 102	スハ45 26	スハ45 6	スハ45 24	スロ 54 504	オハネ 12 507	スハネ 16 509	オハネフ 12 505	スユニ50 505
	築	札サウ	札サウ	札サウ	札サウ	札サウ	札サウ	札サウ	札サウ	札サウ	札サウ

441レ

釧路→根室　1981.5.4　釧路にて

42		1増	1				
	DD51 524	スハ43 709	スハフ44 12	マニ50 2187	オユ10 2528	コキ18040	コキ18122
	釧	札サウ	札サウ	北スミ	北スミ		

421レ

滝川→釧路　1981.5.4　池田にて

43			1							
	DD51 644	DD51 636	スハフ44 8	スハ45 15	スハフ42 503	マニ50 2206	マニ60 243	スユニ50 512	マニ60 2666	マニ36 2117
	釧	釧	釧クシ	釧クシ	釧クシ	大ミハ	釧クシ	函ハコ	函ハコ	北スミ

422レ

釧路→滝川　1981.5.4　池田にて

44	DD51 501	マニ60 201	スユニ50 511	マニ60 245	マニ50 2172	マニ50 2126	スハフ42 510	スハ45 42	スハフ44 103
	釧	函ハコ	函ハコ	釧クシ	大ミハ	北スミ	釧クシ	釧クシ	釧クシ

534レ

網走→旭川　1981.5.5　網走にて

45	DD51 1061	スハフ42 514	オハ62 74	スハニ62 24	オハフ33 31	スハフ32 291	スユニ60 205	マニ50 2121	マニ50 2038
	北	旭キミ	旭キミ	旭キミ	旭アサ	旭アサ	旭アサ	北スミ	大ミハ

531レ

旭川→網走　1981.5.5　中越信号所にて

46	DD51 1080	スハフ42 516	オハ62 44	スハニ62 4	マニ50 2177
	旭	旭キミ	旭キミ	旭キミ	大ミハ

▲DD51牽引による、スユニ50が編成に組み込まれた磐越西線の50系客車列車。　1984.4.22　野沢～上野尻　P:西橋雅之

あとがき

マニ50の本来の用途であった鉄道小荷物輸送の終了から38年の時が経ちました。鉄道荷物輸送は郵便輸送を含め、旅客輸送に付帯する鉄道事業の一つでしたが、JR化を前に鉄道郵便輸送と共に事業そのものが廃止となりました。

マニ50とその仲間たちは、形式の統一の面で国鉄の鉄道郵便・荷物輸送の近代化を果たした形式ではあったものの、時代がその活躍を許さず、10年という期間をも待たずして用途の廃止を迎えるに至りました。なかには4年弱で廃車となってしまった車両もありました。JR化以降の各車の転身や、その車両を用いた特別列車も話題にはなりましたが、多くのファンは今もって郵便・荷物車に強い関心と憧れを抱いているように思います。

鉄道はその昔、陸上輸送の主役でした。郵便・荷物車は、鉄道が太い動脈であったがゆえに存在できた車両であり、その名残でした。民営化後も事業用車としてJR線上に残っていたマニ50やスユニ50ですが、年々少しずつその姿を減らしていきました。近年ではJR東日本とJR西日本で僅かにその姿を見ることができましたが、元号が平成から令和へと変わった頃にJR東日本から姿を消し、その後もJR西日本に1両のみが残存していましたが、それも2023年11月に除籍・解体され、いよいよ「JRのマニ・スユニ50」は過去のものとなりました。

鉄道郵便・荷物輸送の最期を飾り、そしてJR化後には様々な姿へと転身するなど、時代に翻弄されつつもさまざまな活躍を続けたマニ50とその仲間たち。そんな車輌たちを記憶に留めておこうと、この本の再編集、再発行へ至りました。本誌がすべての鉄道郵便・荷物列車を思うファンの豊かな趣味生活の足掛かりになることを祈ります。

（編集部）